L'ÉGIDE

DU MONDE AGRICOLE

AMIENS, IMPRIMERIE DE E. YVERT

rue des Trois-Cailloux, 58

L'ÉGIDE

DU MONDE AGRICOLE

OU

PRÉVISIONS ET CONSEILS

DU PLUS HAUT INTÉRÊT POUR LES AGRICULTEURS ET LES
NÉGOCIANTS EN GRAINS ET FARINES

Par J.-B. DUCROTOY

Or, nul n'est plus intéressé à ce résultat, que le cultivateur, le vigneron, le jardinier, qui pourraient alors modifier leurs cultures hâter ou retarder leurs travaux, prendre des mesures pour se préserver ou tirer parti des météores dont ils auraient prévu l'arrivée prochaine. On peut dire, sans exagération, qu'une telle connaissance augmenterait, de plus d'un quart, les produits du sol.

C.-B. de M., Maison rustique du 19ᵐᵉ siècle.

PARIS

CHEZ L'AUTEUR, RUE RICHER, 22

OU A VIGNACOURT (Somme)

ET CHEZ TOUS LES LIBRAIRES

1862

PRÉFACE

I.

De nombreuses observations, pendant plusieurs années, m'ayant prouvé l'exactitude des prévisions agricoles et météorologiques, renfermées dans les précieux ouvrages de Duhamel du Monçeau, Cotte, etc., j'ai cru faire une œuvre utile en réunissant, en un seul volume, les divers extraits les plus dignes d'être conservés, et dont la connaissance m'a paru indispensable aux agriculteurs et aux négociants en grains et farines.

J'ai été engagé, par la même raison, à y joindre mon essai du système de la loi des faits du commerce agricole, dont l'amélioration est à désirer dans l'intérêt de tous, pour arriver à l'application de cette importante vérité : que la connaissance générale de la véritable situation agricole et des principales combinaisons de la loi des faits, atténuerait infailliblement les variations excessives dans les cours et les funestes effets du jeu dans la spéculation sur les denrées alimentaires.

Le jour prochain où cette vérité économique sera bien comprise par tous, le bonheur du peuple sera bien près de trouver enfin la sécurité qui lui manque.

Pour obtenir l'immense avantage de cette idée féconde , je demanderais seulement l'institution d'une société philanthropique, formée de sages praticiens qui seraient choisis par le Gouvernement, parmi les hommes de bien les plus versés dans toutes les connaissances de l'économie politique, et qui, prenant à cœur leur noble et admirable mission, publieraient une Revue mensuelle, consacrée à éclairer l'opinion publique, par la manifestation de leurs vues les plus rationnelles sur la véritable situation agricole et commerciale.

Si l'on arrive (et je crois la chose possible) à l'organisation judicieuse de cette société, on aura procuré au plus grand nombre un bienfait inappréciable. C'est là mon vœu le plus sincère, et, s'il se réalise, j'obtiendrai ainsi ma récompense : la satisfaction d'avoir fait le bien en appelant l'attention du monde agricole sur un nouveau système économique, d'une utilité générale, pour arriver progressivement à plus de bonheur dans l'humanité, par la divulgation, des prévisions les plus favorables aux intérêts de l'agriculture et du commerce agricole.

II.

Si le public fait un accueil bienveillant à mes bonnes intentions, je publierai, dans quelques années, une nouvelle édition de cet ouvrage, augmentée des rectifications que mon ébauche aura pu faire naître, et des nouveaux faits qui, pendant cette période, seront venus confirmer la vérité de mes observations. J'invite, en conséquence, tous les hommes de savoir et de cœur, dans l'intérêt du bien-être général, à vouloir bien me communiquer les résultats de leurs vues particulières, afin que, réunis dans un même foyer, on puisse les comparer et tirer, de ces comparaisons et de l'étude attentive des faits, des conclusions favorables à mon système.

La critique est très utile, quand elle est éclairée; il lui sera facile d'exercer son contrôle sur les imperfections qu'elle trouvera dans ce recueil.

Qu'elle agrée à l'avance mes remerciements pour les matériaux qu'elle pourra me procurer ainsi, et qui serviront à donner à mon système toute la viabilité dont il est susceptible.

Je ne me dissimule pas ce qui manque à mon travail. Tout ce que produit l'homme, à l'origine surtout, est souvent incomplet. Je ne prétends donc pas à l'admiration de mes contemporains, pour l'œuvre informe que j'entreprends ; mon ambition est beaucoup plus modeste. Plein de confiance dans l'indulgence des amis du progrès agricole, j'ai voulu faire un ouvrage utile et non un chef d'œuvre !

J'ai voulu, en publiant ce recueil, inspirer aux économistes la noble émulation de se livrer à des études investigatrices sur l'état le plus vrai de la situation agricole et sur les principales combinaisons de la loi des faits, afin que l'opinion générale, mieux fixée désormais, puisse aider les agriculteurs et les négociants en grains et farines à prévoir, ne fût-ce qu'à peu près, quel serait l'avenir des récoltes, d'après la marche de la température et l'aspect de la végétation, et du mouvement des cours, d'après certaines combinaisons admises et dévoilées unanimement par toute la presse.

Je dois avouer, en toute humilité, que je suis peu initié dans l'art de bien écrire et dans toutes les inextricables subtilités et habiletés de la science économique, dont quelques-uns ont fait, dit-on, un véritable labyrinthe. Mon style est sans ornement, mon parler est simple comme le plan de mon essai qui n'est qu'une tentative d'amélioration, qu'un premier jet de flamme de l'éruption d'une nouvelle idée.

Je n'ambitionne donc pas d'autre mérite que celui d'avoir voulu me rendre utile. J'ai toujours pensé qu'un ouvrage qui présenterait un choix des plus importantes prévisions agricoles ne serait pas inutile à l'éducation du pays, et pourrait contribuer en quelque chose à la prospérité générale. C'est dans ce but que j'offre aujourd'hui le mien au public; je serais heureux qu'il pût réaliser mon intention !

J.-B. Ducrotoy.

Vignacourt (Somme), le 1er mai 1862.

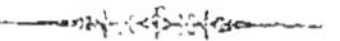

INTRODUCTION

I.

La Nature agit suivant des règles générales d'une sublime simplicité, qui semblent, aux yeux de l'intelligence humaine, souffrir quelquefois des exceptions. Dans toutes les circonstances, n'est-il pas rationnel, pour l'observateur, de ne s'arrêter qu'à ce qui arrive le plus fréquemment, sans avoir égard à des accidents ou à des exceptions rares, qui prolongeraient indéfiniment des incertitudes dont on ne sortirait jamais ?

Dans quelle science aurait-on pu établir des règles générales, si on s'était laissé arrêter par quelques exceptions qui se rencontrent toujours?

Les auteurs dont je rappelle les observations, et dont les noms font autorité en la matière, ont reconnu que leurs prévisions générales, ayant aussi des exceptions, serviraient au moins d'indications précieuses à la science qui, s'en emparant un jour, pourra les augmenter et en former un corps de connaissances plus positives.

« Il est certain, dit Duhamel, que les biens de
» la campagne, ces biens si nécessaires, qu'on
» peut les regarder comme les seuls vrais biens,
» les blés, les vins, les chanvre, les fruits, les
» bois, etc., ne viennent pas tous les ans aussi
» abondamment, ni d'aussi bonne qualité, et l'on
» sait, en général, que ces variétés dépendent de
» la différente température des saisons.

» Mais ces connaissances générales ne suffisent
» pas, et on conviendra qu'il serait également utile
» pour l'agriculture et pour la physique, de con-
» naître plus positivement le rapport qu'il y a
» entre la température des saisons et les produc-
» tions de la terre.

» On sent, du reste, que la connaissance de ce
» rapport peut, dans la suite, conduire insensible-
» ment à celle des principaux phénomènes de la
» végétation, de même qu'à apercevoir l'effet que

» telle ou telle circonstance dans les saisons peut
» produire sur les végétaux ; or, dans quantité de
» cas de cette espèce, il est souvent très avanta-
» geux de prévoir, ne fût-ce qu'à peu près, puisque
» quelquefois on sera à portée de prévoir une partie
» des accidents, et que, dans d'autres cas, on s'é-
» pargnera bien des inquiétudes. »

II.

Ce recueil est divisé en quatre livres :

Le premier livre renferme quelques intéressants extraits de divers auteurs sur les phases principales de la végétation du blé.

III.

Le deuxième livre présente le résultat des précieuses observations botanico-météorologiques du P. Cotte, publié en 1774. On voit qu'à cette époque les hommes de la science s'occupaient déjà très sérieusement des questions agricoles. Je crois donc de la plus grande utilité, pour l'agriculteur, de lui faire connaître ce résultat, que le P. Cotte avoue entièrement fondé sur les observations de Duhamel du Monceau, le plus grand agronome

dont la France puisse se glorifier, auxquelles il a
joint celles qu'il avait faites pendant quelques années. Le P. Cotte exprime ainsi son opinion sur
ces observations :

« On ne sera pas surpris de trouver tant d'incer-
» titudes dans la matière que nous allons traiter,
» si l'on fait attention à la grande variété et à la
» multiplicité des causes qui influent sur l'état des
» productions de la terre ; la situation du terrain,
» la nature des terres, les différentes circonstances,
» où le froid et la chaleur, la sécheresse et l'hu-
» midité ont lieu à l'égard de ces terres, et mille
» autres exceptions, qu'il serait trop long de dé-
» tailler ici, ne permettent pas d'assigner au juste
» des causes générales et certaines auxquelles on
» puisse toujours rapporter les effets qui paraissent
» dépendre des différentes températures de l'atmos-
» phère. Je ne prétends donc pas garantir, en toute
» occasion, les remarques générales que m'ont four-
» nies les observations botanico-météorologiques,
» comparées et combinées ensemble, je suis con-
» vaincu, au contraire, qu'elles seront quelquefois
» démenties. Mais je crois que les exceptions aux-
» quelles elles seront sujettes, n'empêchent pas
» qu'on ne puisse les regarder comme générales,
» jusqu'à un certain point, parce qu'elles sont
» fondées sur un examen réfléchi des circonstances
» les plus communes, comparées avec les effets

» qui en ont presque toujours résulté. J'aurai soin,
» au reste, d'indiquer les exceptions que l'on peut
» prévoir. »

IV.

Dans le troisième livre, je m'attache à donner
quelques vues générales sur le mouvement habituel
des cours. C'est le modeste essai d'un nouveau
système économique ; c'est le premier jalon d'une
route nouvelle dont je ne fais que tracer la voie.
Un jour viendra, et ce jour n'est sans doute pas
éloigné, je l'espère, où l'étude du passé, s'appuyant
sur l'analogie, soulèvera aisément le coin du voile
qui cache encore l'avenir de la hausse et de la
baisse. En effet, en observant l'ordre constant et
immuable des lois générales de la Nature, formant
une succession presque invariable des mêmes causes et des mêmes effets, comment pourrait-on douter
qu'on parvienne à découvrir les éléments d'une
science positive, fondée sur les principales combinaisons de la loi des faits dont je montre la clé
dans mes tableaux synoptiques ?

Mon essai informe sera traité d'utopie, je m'y
attends, et pourtant l'utopie n'a rien à faire ici,
puisque mes démonstrations, toujours fondées sur
les faits et sur les chiffres, sont rigoureuses et com-

plètes. Tout semble utopie, tout paraît irréalisable au premier abord, et cependant mille découvertes ne sont-elles pas venues en ce monde étonner l'humanité à laquelle elles semblaient également impossibles? Le progrès est permanent dans l'Univers ; plus on observera et plus on découvrira.

Quand la presse obéira mieux aux devoirs de sa noble mission, en s'efforçant de donner des renseignements plus sincères sur la véritable situation agricole et commerciale, il sera aisé de s'entendre et de former ses convictions pour adopter les prévisions les mieux fondées sur le résultat logique de l'étude des faits, comme la société d'économie politique s'est accordée sur les points fondamentaux de la science qu'elle cultivait. Unissons-nous donc aussi pour travailler au succès de l'œuvre commune, pour asseoir, sur la base des faits, l'édifice d'une nouvelle science économique et humanitaire ; suivons l'exemple de ces économistes dont M. de Molinari nous fait ainsi connaître le début :

« Ils n'étaient pas d'accord, sans doute, sur tous
» les points de la science ; mais leurs divergences
» d'opinions, qui servaient d'ailleurs à alimenter
» leurs discussions périodiques, ne pouvaient man-
» quer à la longue de s'affaiblir, sinon de s'effacer.
» Des hommes intelligents, qui poursuivent une
» œuvre commune, et qui se trouvent fréquemment
» en contact, ne finissent-ils pas toujours par éclai-

» rer mutuellement leurs doutes et par contracter,
» presqu'en dépit d'eux-mêmes, l'habitude de pen-
» ser de la même manière? En science, comme en
» religion, l'association des efforts n'est-elle pas
» souverainement efficace pour amener l'unité dans
» les doctrines? »

Or, il est conforme à la raison la plus simple de suivre la même conduite pour arriver au but que nous voulons atteindre ; et quand on aura mis en lumière, la véritable situation agricole et les principales combinaisons de la loi des faits, l'agiotage ira s'affaiblissant. L'opinion générale se trouvant plus unanime que par le passé sur l'importance des récoltes et sur le mouvement habituel des cours, le spéculateur ne sera-t-il pas alors insensé de se précipiter, seul contre tous, dans l'arène, pour lui jeter le gant du défi? Que de malheurs évités par cette abstention bienfaisante, née d'une opinion commune, plus invariable et plus stable désormais ! N'est-ce pas là qu'on trouvera enfin le vrai palladium de la tranquillité des jeunes négociants, et d'un surcroît de bonheur pour la société toute entière?

V.

Il est une vérité encore peu connue, admise par les uns, contestée par les autres, qu'il y a des spéculateurs bien instruits des vrais résultats de la récolte, et dont les combinaisons sont assez justement fondées pour qu'on y ajoute foi et qu'on puisse, en conséquence, les adjurer, au nom de l'intérêt de tous, de les dévoiler par les mille voix de la presse. Pour corroborer cette croyance, qui est aussi la mienne, je crois devoir m'appuyer sur l'opinion de M. de Montureux, qui s'exprime ainsi dans son *Essai sur l'avenir alimentaire de la France :*

« Parmi les variations du prix des 'grains, nous
» croyons que les plus nuisibles sont celles qui
» arrivent dans une même année, et où une dépré-
» ciation très marquée précède une hausse extrême:
» ce mouvement est souvent la conséquence d'er-
» reurs relatives aux récoltes que l'on croit suffi-
» santes, et qui sont médiocres ou mauvaises. De
» là résultent : 1° des exportations facilitées, en-
» couragées par la baisse de septembre à décembre,
» ou même à Janvier; 2° on brasse, on distille,
» on gaspille grains et pommes de terre ; 3° bou-
» langers et consommateurs isolés s'abstiennent de
» s'approvisionner, attendant toujours une baisse
» plus forte ; 4° par le même motif, le producteur
» vend, même quand sa position lui permettrait
» d'attendre. Mais il y a des gens bien renseignés,
» des spéculateurs qui n'ont pas cru à cette pré-
» tendue abondance, qui ont fait des magasins, qui
» même ont préparé des importations qui, de février

» ou de mars à la moisson, seront légales ou né-
» cessaires, et qui auraient été inutiles et sans
» profit, si les baisses de l'automne n'avaient favo-
» risé l'exportation et préparé la disette, rendue
» plus aiguë par une peur résultant de ce que la
» confiance a été mal fondée. Ainsi, de l'erreur
» exagérant la production d'une récolte, il arrive
» qu'au bout de l'année le consommateur a payé
» plus cher pour son pain, et que la masse des vrais
» cultivateurs a tiré moins d'argent de son blé.

« Mentez donc et faites mentir, MM. les spécu-
» lateurs bien instruits des vrais résultats de la
» récolte ; annoncez l'abondance pour avoir, dans
» quelques mois, une disette dont vous profiterez.»

Pour donner plus d'autorité à cette même
croyance, qu'il y a des spéculateurs bien informés
de l'état de la récolte, et qui ont de justes prévisions sur l'avenir du mouvement des cours, je
cite encore ce passage de M. A. Riou, de *la Revue
de la Mercuriale des Halles et Marchés,* du 20 octobre 1861 :

« Maintenant que les semences sont à peu près
» terminées, on se rend compte bien plus facile-
» ment du manquement que l'on a à combler, et
» l'on n'a qu'à se louer de l'empressement que le
» commerce a mis à faire venir en toute hâte des
» blés étrangers ; il y a eu ainsi atténuation de la
» la hausse excessive que nous eussions eue, si,

» comme malheureusement, en 1846, ce n'eût été
» qu'en novembre que l'on eût constaté le déficit.
» L'encombrement qui a dû naturellement se pro-
» duire à la suite d'une importation aussi colossale
» que celle qui a eu lieu en septembre, et qui a
» fait entrer 1,516,861 quintaux de blé et 142,355
» quintaux de farine, devait produire de la baisse;
» mais, avec le temps, le classement se fera, et
» la marchandise aura ainsi pénétré au cœur même
» du pays, naturellement, sans causer de préjudice
» aux cultivateurs qui comprennent aujourd'hui le
» mécanisme du commerce, et qui se rendent par-
» faitement compte que ce n'est pas une concur-
» rence à la vente de ses blés qui lui a été faite;
» que, tout au contraire, c'est l'abondance que lui
» a refusée la Providence, qui lui est rendue par
» la puissante initiative du commerce débarrassé
» de toute entrave et libre dans ses mouvements. »

On lit encore dans le *Moniteur*, vers la même
époque :

« Le chiffre des importations va toujours crois-
» sant, sur le froment surtout ; c'est une consé-
» quence naturelle et prévue du déficit de la récolte
» de 1861. »

Or, n'est-il rien de plus clair ni de plus évident
que la connaissance générale de la véritable situation agricole et des principales combinaisons de la
loi des faits atténuerait infailliblement les varia-

tions excessives dans les cours et les funestes effets du jeu dans la spéculation sur les denrées alimentaires ?

VI.

Que si quelqu'un trouvait trop ambitieuses les prévisions que je viens d'exposer au sujet de mon essai d'un nouveau système économique, je lui répondrais, en empruntant le langage de Cotte, dans son discours préliminaire, où il parle de son espoir dans l'avenir des observations météorologiques, dans les mêmes termes et dans les mêmes vues, qu'il me semble devoir admettre à l'égard de mes observations sur la loi des faits du commerce agricole :

« C'est toujours contribuer au progrès de cette
» science utile, que de prouver la nécessité des
» observations qui en sont l'objet, en faisant voir
» que le petit nombre de connaissances qu'elles
» nous ont fournies jusqu'à présent, nous donne
» lieu d'espérer que plus on les multipliera, plus
» elles deviendront fécondes en conséquences uti-
» les à l'agriculture. . . . . Je n'ai fait,
» à la vérité, qu'ébaucher cette matière, et je re-
» garderai mon travail comme suffisamment récom-
» pensé, s'il peut contribuer à augmenter le nombre

» des observateurs, et à ranimer leur zèle, en leur
» faisant voir que leurs observations ne seront pas
» inutiles. »

VII.

Le quatrième livre contient un choix sévère des
meilleurs conseils et proverbes agronomiques les
plus dignes de rester dans nos connaissances popu-
laires. Nos ancêtres avaient la plus grande confiance
en eux ; c'était leur éternelle *Maison rustique*. Nous
devons donc nous glorifier de leur porter le même
respect ! Ce sont des trésors de lumière à la portée
de tous, se perpétuant traditionnellement à travers
les âges, pour éclairer les générations agricoles !
  « La voix du peuple est la voix de Dieu ! »

VIII.

On ne peut nier que les prévisions agricoles,
astronomiques, météorologiques et commerciales,
ne soient très utiles en agriculture pratique, puisqu'elles ont toujours, dans tous les siècles et chez
toutes les nations, du consentement général de tous
les peuples, servi de guides précieux pour prévenir bien des accidents et bien des pertes.

Il me semble donc absurde de croire qu'un sentiment si général et si prononcé en faveur de l'utilité des prévisions, soit jamais considéré comme une chimère, lorsqu'il se trouve sanctionné par une pratique aussi continue et aussi constante depuis l'antiquité la plus reculée. Cicéron se servait de cet argument pour prouver l'existence de Dieu, parce que, disait-il, il est impossible qu'un être auquel croient toutes les nations et dans tous les temps, n'existe pas.

LIVRE I.

PHASES PRINCIPALES DE LA VÉGÉTATION DU BLÉ

PAR DIVERS AUTEURS,

L'ÉGIDE

DU MONDE AGRICOLE

LIVRE I.

PHASES PRINCIPALES DE LA VÉGÉTATION DU BLÉ

PAR DIVERS AUTEURS.

Peut-être voudrais tu, dès la saison de Flore,
Prévoir ce que pour toi l'Été va faire éclore ?
Regarde l'amandier reverdir tous les ans,
Et courber en festons ses rameaux odorants ;
Abonde-t-il en fleurs par des chaleurs ardentes,
Le soleil mûrira des moissons abondantes ;
Si des feuilles sans fruits surchargent ses rameaux,
Le fléau ne battra que de vains chalumeaux.

VIRGILE, *Georgiques*, tome 1.
Traduction de DELILLE.

1.

De la Végétation.

Le grand mobile de la végétation et de l'accroissement des plantes, ce sont les pluies, ou plutôt,
comme l'observe très bien Duhamel, les temps de
pluie. Autant les grandes chaleurs et les longues

sécheresses sont préjudiciables à la plupart des plantes, dit ce laborieux académicien, autant les pluies douces et l'humidité, même les temps couverts, leur sont salutaires : il n'est rien de si constant qu'elles profitent plus en huit jours de ce temps, que pendant un mois de sécheresse.

Cotte. Traité de météolorogie, livre iv.

Les orages sont nécessaires dans nos climats. Ils sont un grand moyen que la nature emploie pour purger l'air de tous les miasmes qui s'exhalent de la terre. Ils accélèrent la végétation, qui est d'autant plus active que l'atmosphère est plus orageuse, parce qu'ils impriment aux tiges des plantes, aux rameaux et aux feuilles des arbres un mouvement utile à la circulation de la sève ; et vous pouvez remarquer que lorsque la saison est sèche et le temps constamment serein, un taillis de quatre ans ne pousse dans une sève que sept à huit pouces, tandis qu'il s'alonge de quinze à vingt pouces lorsque la saison est orageuse.

Desormeaux. Tableaux de la vie rurale, tome i.

II.

De la Germination.

Dans l'état ordinaire, la germination complète du blé s'accomplit en plus ou moins de temps selon le degré de température atmosphérique ; au printemps et en été, par une chaleur de 18 à 20 degrés Réaumur, les blés sortent de terre six à sept jours après avoir été semés. Si la chaleur est moindre de 5 à 6 degrés, il leur faudra dix à douze jours, et, par un abaissement de température encore plus considérable, ils ne lèveront qu'en seize à vingt jours. En novembre et décembre, lorsque les nuits sont froides, quaud il y a souvent de petites gelées le matin, les blés ne sortent guère de terre avant un mois ou six semaines après y avoir été mis. Enfin, lorsque la terre reste constamment gelée, aussitôt ou peu après les semailles faites, ou qu'il ne dégèle qu'à de courts intervalles, les blés peuvent rester en terre jusqu'à la fin des gelées, avant qu'on ne les voient pousser. C'est ce qui m'est arrivé dans l'hiver, de 1840 à 1841, où plusieurs variétés de blé, que j'avais semées le 16 novembre, n'ont commencé à lever que vers le 13 février, ou près de trois mois après. Tessier rapporte que la même chose arriva dans l'hiver encore plus rigoureux de 1788 à 1789.

Loiseleur-Deslongchamps. Considérations
sur les céréales.

III.

De l'Épiage.

Plusieurs mois s'écoulent avant que l'épi soit en

état de paraître; mais toutes les dispositions étant faites pour la formation de la fleur et du grain, en peu de jours il se montre tout entier, surtout lorsque les circonstances sont favorables aux effets de la raréfaction et de la condensation , c'est à dire , lorsqu'à des jours chauds succèdent des nuits fraîches, des rosées ou des pluies douces; car, dans des temps contraires, l'humidité et la fraîcheur trop constantes, ou la trop grande chaleur et sécheresse, deviennent très défavorables au développement de l'épi; il se tient caché dans son enveloppe; le tuyau prend peu de croissance; le fruit devient faible, et les grains, restant plats, n'acquièrent point la grosseur convenable.

Enfin, toutes ces préparations que nous venons de marquer étant achevées, la fleur paraît, et elle commence à donner au fruit sa nourriture la plus délicate apportée par la sève aérienne.

MUSTEL. *Traité de la végétation*, t. 3.

IV.

De la Floraison.

Lors donc qu'à l'époque prescrite par la Nature pour la réunion des sexes, il règne dans l'air une intempérie continue; lorsque le ciel agité semble vouloir se dissoudre; lorsqu'un déluge d'eau inonde les champs; lorsqu'un vent glacial engourdit les parties sexuelles, ou lorsqu'au contraire, une brûlante sécheresse les consume, il est naturel de penser que, dans ces circonstances sinistres, le mélange des semences ne peut pas s'effectuer, ou que, s'il a quelquefois lieu, un avortement fatal doit en être la suite. Par conséquent, point de reproduction de nouveaux germes; et ce qu'il y a de plus singulier et tout à la fois de plus admirable, point de substance muqueuse pour les nourrir, c'est à dire absolument point de farine dans le grain de blé ou plutôt dans la balle.

L'abbé PONCELET. *Histoire naturelle du froment.*

V.

De la Maturation.

Lorsque le blé cesse de fleurir par un beau temps clair et chaud, suivi de nuits fraîches, on a lieu d'espérer une bonne moisson,

Aussitôt que le blé a achevé de fleurir, les pointes des grains qui contiennent le germe se forment dans les capsules de semences et se perfectionnent longtemps avant la formation de la farine. La substance farineuse vient ensuite peu à peu et s'augmente, pendant que le suc se porte autour d'une partie fine et délicate qui ressemble à du duvet ; ce duvet, qui subsiste après que la fleur est passée, sert entr'autres usages, à tenir ouvert le grand conduit qui passe par la grande fente du grain, et facilite l'introduction des sucs aériens.

L'humidité de l'air, pourvu qu'elle ne soit pas trop constante, n'est point un obstacle à la formation des grains; elle augmente, au contraire, la quantité des sucs nourriciers; mais si elle est trop forte, elle en affaiblit la qualité, comme il arrive par des pluies trop fortes et trop longues, qui d'ailleurs renversent et couchent les blés.

La maturité du fruit commence après qu'il a pris toute sa grosseur ; alors le tuyau et l'épi jaunissent, et la couleur verdâtre des grains se change en jaune pâle; cependant ils sont encore mous, et la farine contient beaucoup d'humidité.

Par un temps fort humide l'écorce du grain s'enfle considérablement, ce qui lui fait rendre plus de son et moins de farine. Par un effet contraire, un temps trop-sec le dessèche trop promptement; les grains se rident et deviennent de peu de valeur. On a donc besoin d'une alternative de chaleur et de fraîcheur, c'est à dire, d'un temps chaud, entremêlé de pluies douces ou de fortes rosées, afin que la paille et les grains soient bien nourris, mûrissent par degrés, et acquièrent une qualité parfaite.

La connaissance de ces circonstances n'est pas inutile à un agriculteur, puisqu'elle le met en état de juger d'avance de la qualité de la moisson à laquelle il doit s'attendre, et prendre, en conséquence, de justes mesures pour la direction de ses affaires.

Enfin, lorsque le blé est mûr, il se sèche et se durcit; on connaît le point de maturité des grains, lorsqu'ils sortent facilement de l'épi, ce qui ne les expose pas à être brisés sous le fléau quand on les bat dans la grange.

Il ne faut cependant pas attendre, pour faire la moisson, que le grain tombe si facilement de l'épi, car on s'exposerait à en perdre beaucoup. Au surplus, le temps favorable doit décider de la moisson, comme il doit régler les semailles.

Mustel. Traité de la végétation, t. 3.

VI.

De la Moisson.

L'épi du froment, non plus que celui de toutes les autres céréales, n'est pas toujours et partout également chargé de grains. C'est ce qui fait, le plus ordinairement, la différence entre le produit des récoltes, l'abondance ou la disette. On peut aisément, d'après la force seule de l'épi sur pied, préjuger quelle sera la moisson. Si l'épi sort vigoureusement de son fourreau, s'il est gros et bien nourri, il portera cinquante à soixante grains; s'il est maigre et sans énergie, il n'en donnera que quarante à cinquante, et seulement de vingt à trente, s'il paraît débile et lent à se développer. La qualité du grain se ressentira aussi de ces différentes conditions de sa croissance. Plus l'épi est courbé par son poids vers la terre, à l'approche de sa maturité, plus la moisson sera riche, sous le double rapport de la quantité et de la qualité.

Gautier. Cérès française.

VII.

De la qualité du blé.

De quelque variété de froment que provienne le grain, on apprécie son degré de bonté à certains caractères faciles à reconnaître. Le meilleur, celui que, dans les marchés, on appelle *blé de tête*, est la qualité supérieure ; il est dur, ramassé, pesant, plein, bombé, peu profond dans sa rainure, lisse et d'un jaune clair à la surface ; il glisse dans la main, il sonne quand on l'y fait sauter, et résiste sous la dent. Le froment de cette classe est celui que l'on désigne sous le nom de *blé dur* ou *glacé*, dont on fabrique les vermicelles, les macaronis et les autres pâtes dites d'Italie. Parmi les blés tendres, c'est celui qui approche le plus de ces qualités.

Le blé de second degré est le blé dit *marchand* ; il pèse moins, il est moins blanc ou moins jaune ; son écorce est plus grossière : il n'est que peu ou point sonore, se casse facilement sous la dent, et s'échappe moins aisément de la main. Les froments bruns et ceux de mars sont communément de cette classe.

Le troisième se compose des blés gris, maigres, dont la rainure est profonde, l'écorce épaisse et qui sont mélangés de graines hétérogènes.

Voilà à peu près tout ce qu'il semble utile de savoir au sujet du froment, relativement à sa nature et à ses qualités. Dans les pays qui ne produisent que cette espèce de blé, il est nécessairement la nourriture de tous les habitants, mais dans ceux où croissent aussi d'autres céréales, et c'est le plus grand nombre, les classes laborieuses, principalement dans les campagnes, se nourrissent de ces dernières, et le froment n'est pour le cultivateur qu'un objet de commerce ; il se consomme dans les villes ou s'exporte à l'Étranger. Il en est de même du seigle dans les lieux où le blé est la première des céréales, comme dans les États les plus septentrionaux de l'Europe, où l'avoine et d'autres grains inférieurs au seigle, sont la nourriture habituelle des classes les plus nombreuses de la population.

C'est la valeur annuelle du froment qui règle celle de toutes les autres céréales ; quelqu'abondant qu'il soit, son prix est toujours supérieur à celui du seigle et des autres blés.

GAUTIER. Cérès française.

LIVRE II

OBSERVATIONS BOTANICO-MÉTÉOROLOGIQUES

PAR LE P. COTTE,

Prètre de l'Oratoire et curé de Montmorency, correspondant de
l'Académie royale des Sciences.

L'ÉGIDE

DU MONDE AGRICOLE

LIVRE II

OBSERVATIONS BOTANICO-MÉTÉOROLOGIQUES

Par le p. **COTTE**,

Prêtre de l'Oratoire et curé de Montmorency.

(Extrait de son Traité de Météorologie).

CHAPITRE I.

Des différentes espèces de terre.

Je me contente d'examiner ici les effets que peuvent produire les différentes températures de l'air, sur les terres considérées selon leurs qualités diverses. Je vais d'abord faire connaître, par de courtes définitions, les différentes espèces de terre qu'on a coutume de distinguer dans les livres d'agriculture.

CE QU'ON ENTEND PAR TERRE.

On donne, en général, le nom de terres à des substances fossiles, peu compactes, sèches de leur

nature, qui n'ont point de saveur, de couleur ni
d'odeur ; qui sont composées de particules impal-
pables, nullement liées les unes aux autres ; qui
s'amollissent et se gonflent un peu dans l'eau sans
y être solubles, et sans contracter une forte
adhérence entr'elles ; enfin, qui résistent au feu,
et qui ne sont mêlées d'aucun corps étranger.

VARIÉTÉ DES TERRES.

Tel est le caractère que l'on assigne à la terre
simple, ou au moins à celle qui approche le plus
de la terre primitive, élémentaire, ancienne, laquelle
se trouve encore quelquefois à une très grande
profondeur dans le globe, et qui sert de base à
tous les autres corps de la Nature. Mais comme
presque toutes les espèces de terres actuelles sont
entremêlées de particules pierreuses, salines, bitu-
mineuses et métalliques, ce qui produit une grande
différence entr'elles, on ne peut les considérer que
comme des corps composés, et n'en marquer les
différences que relativement à leur mélange. Cela
posé, l'on ne doit regarder la craie ou terre marine,
l'argile, la terre gypseuse, même les sables, les
marnes et toutes les espèces de terres calcaires et
argileuses, que comme des terres nouvelles et
accidentelles. Je ne considère ici les différentes
terres, que selon qu'elles sont plus ou moins propres
à la végétation, plus ou moins fertiles. Celles qui

contiennent plus de sucs nourriciers, et qui sont aussi plus propres à la végétation, sont celles que l'on nomme *terres franches;* les autres sont l'argile ou glaise, le sable pur, la marne, la craie, le tuf, etc.

La terre franche est une terre d'un noir jaunâtre, communément graveleuse, poreuse, friable et un peu grasse ; dans l'eau elle se gonfle, on peut la pétrir ; mais desséchée, elle ne conserve ni dureté ni liaison : c'est la meilleure pour les grains, et surtout pour les froments. On en distingue de plusieurs espèces, comme je le dirai bientôt.

La terre argileuse, ou glaise, est une terre pesante, compacte, de couleurs différentes ou mélangées. Lorsque cette terre est humide, elle a de la ductilité et de la tenacité ; elle se pétrit sous les doigts, prend et conserve les formes qu'on veut lui donner. Sa ductilité la rend très propre à divers usages mécaniques ; mais, par sa grande tenacité, elle nuit à la fertilité des champs, à moins qu'elle n'ait été réduite en molécules assez fines, ou que son adhérence n'ait été diminuée par l'interposition des sables ; alors, elle est de toutes les terres la plus propre à la végétation.

Le sable est une substance sèche, dure au toucher, graveleuse, inpénétrable à l'eau, et dont les parties ou masses ont peu d'adhérence entr'elles. On distingue le sable pur et le sable gras. Je ferai connaître leurs qualités par rapport à la végétation, en parlant des impressions que produisent sur eux les différentes températures de l'air.

La marne est une terre communément blanchâtre, composée de craie, de glaise et d'un peu de sable fin; on en distingue de différentes sortes; mais ce détail serait étranger à la matière que je traite.

La craie est une terre calcaire, friable, farineuse, privée de saveur et d'odeur, ordinairement blanchâtre et peu compacte; elle approche plus de la pierre que de la marne ou du crayon.

La tourbe est une matière poreuse, ordinairement légère et fibreuse, d'un brun noirâtre, grasse, bitumineuse et inflammable, qui se trouve dans certaines prairies, à une très petite profondeur. La tourbe, selon M. Guettard et tous les naturalistes, n'est qu'une substance végétale, formée des débris d'herbes, de feuilles et de plantes pourries, et converties, par cette putréfaction, en une masse noirâtre, onctueuse et combustible : la nature de la tourbe doit donc varier suivant celles des plantes qui l'ont produite.

Le tuf est une terre vierge, ou qui n'a point été remuée parce qu'elle est au-dessous des labours; elle est ordinairement dure et graveleuse, tenant le milieu entre la terre et la pierre : il y en a de différentes couleurs, et particulièrement de blanc et de jaune.

Voilà les différentes espèces de terres qui sont

propres à la végétation, ou par elles-mêmes, ou par les différentes préparations qu'on leur donne et les différents mélanges qu'on leur fait subir. Voyons maintenant quelles sont les influences qu'ont sur ces terres les différentes températures de l'atmos phère. Je profiterai encore ici des remarques que M. Duhamel a faites sur cette matière. (*)

(*) Eléments d'agriculture, tome I.

OBSERVATIONS

SUR LES DIFFÉRENTES ESPÈCES DE TERRE.

——————

I.

Terre franche.

J'ai dit qu'on distinguait plusieurs espèces de terres franches ; il y en a de blanches, de brunes et de rousses. Les terres blanches sont les meilleures pour les froments, mais elles sont plus tardives que les autres, parce que la pluie les pénètre plus difficilement ; les blés ne commencent à profiter dans ces terres, que quand les chaleurs du printemps ont échauffé le sol ; jusque-là les blés font peu de progrès ; mais quand ces terres ont été humectées par les pluies d'avril, et qu'il vient des chaleurs, les blés y profitent admirablement et ne tardent pas à devenir plus beaux que ceux des terres légères : parce qu'en général, les blés tallent mieux dans les terres fortes que dans les terres légères : les racines trouvent plus de résistance dans ces premières, elles s'allongent moins et se ramifient davantage, ce qui donne au collet le temps de grossir. Les pluies d'été font aussi moins de dégâts dans ces terres fortes, que dans les terrains légers et sablonneux. On sait que les pluies d'été ne pénètrent presque pas, elles ne détrempent que la surface de la terre, la battent et y forment une espèce de croûte. Les terres légères, d'où il s'échappe beaucoup de vapeurs et d'exhalaisons, doivent donc être plus battues et plus promptement desséchées que les terres fortes qui retiennent plus longtemps le peu d'humidité que ces pluies leur ont procurée.

II.

Terre brune.

Les terres brunes, quoiqu'un peu inférieures aux précédentes, sont néanmoins encore fort bonnes pour les grains ; elles conservent également bien l'humidité, et elles ont à peu près les mêmes qualités que les terres blanches.

III.

Terre rousse.

Les terres rousses sont assez bonnes pour le froment dans les années humides ; mais si peu que les années soient sèches, ces terres deviennent alors fort inférieures aux terres brunes et blanches. C'est pourquoi on les réserve particulièrement pour les mars et pour les prés artificiels, surtout pour les sainfoins; une précaution qu'on doit encore avoir, c'est de réserver, pour les grains de mars, les terrains fort humides par eux-mêmes et exposés à être souvent submergés en hiver, parce qu'au printemps la saison des grandes pluies est passée. Ce n'est pas que les pluies du printemps et de l'été ne soient ordinairement plus abondantes que celles de l'hiver; mais comme l'évaporation est aussi plus grande en été, les terres dont je parle ne retiennent pas aussi longtemps l'humidité.

IV.

Argile ou glaise.

La glaise est pour ainsi dire trop terre : Elle est fort substantielle; mais ses pores étant trop serrés, les racines la pénètrent difficilement. Les graines qu'on y sème germent, et ne font rien de plus pour l'ordinaire, parce que la consistance ferme et compacte de cette terre s'oppose au jeu de la végétation, dont l'action n'est pas assez forte pour vaincre la résistance qu'elle trouve dans la compacité de l'argile. Les racines ne peuvent pas s'étendre, la tige ne peut pas percer la surface de la terre, et lorsque par hasard elle le fait, c'est toujours avec

un effort qui fatigue et altère sensiblement le
végétal ; d'ailleurs, il est toujours dans un état de
pression dans l'alvéole qu'il s'est formée. Ajoutez
à cela que ces terres, une fois humectées, forment
une croûte à la surface, et que, dans cet état, elles
ne permettent plus à l'eau des pluies de pénétrer.
Tous ces inconvénients empêchent que la terre
glaise ou l'argile puisse produire une bonne végétation. M. Baumé, dans le Mémoire cité plus haut,
démontre cependant que l'argile est la seule matière
terreuse qui soit propre à la végétation, puisqu'elle
est la seule qui fasse partie des végétaux et des
animaux. Mais c'est précisément parce qu'elle contient trop de cette terre, qui fait le fond de la végétation, qu'elle est inféconde ; et c'est par une raison
contraire, je veux dire que c'est par la privation de
cette espèce de terre végétale, que les sables purs
et les terrains de pure craie ne produisent rien.
Ce n'est donc qu'en mélangeant et en coupant la
terre argileuse avec d'autres espèces de terres, et
surtout avec du sable, et par le moyen des engrais,
qu'on peut les rendre fécondes, jusque là qu'elles
deviennent même les plus propres à la végétation.
C'est l'objet principal et vraiment utile du Mémoire
de M. Baumé, auquel je renvoie le lecteur.

V.

Sable.

Le sable, comme je viens de le remarquer, a des qualités directement opposées à celle de la glaise ; car l'eau que la glaise retient ne fait que passer au travers du sable, ou plutôt le sable admet l'eau entre ses parties, tandis qu'elles-mêmes sont impénétrables à l'eau, en sorte qu'elles ne font que laisser entr'elles des espaces qui ouvrent des passages à l'eau sans en retenir; c'est ce qui fait que bientôt le sable est desséché.

VI.

Terre sablonneuse.

Les terres sablonneuses sont plus ou moins favorables à la végétation, selon qu'elles sont plus ou moins mélangées avec d'autres terres ; c'est pour cette raison que l'on distingue les sables en sables purs et en sables gras. Les sables purs permettent aux racines de s'étendre, mais ils ne fournissent par eux-mêmes aucune substance nutritive ; ils ne retiennent pas l'eau, à moins qu'il ne pleuve fréquemment et qu'ils ne soient ainsi presque inondés ; tout y périt par le hâle d'autant plus promptement, que le sable s'échauffe beaucoup. Le mélange de la glaise avec le sable fait ce qu'on appelle le sable gras, c'est une excellente terre pour les arbres, quand ce sable a beaucoup de fond. En général le sable gras est très fertile, mais il est difficile à travailler, surtout quand la glaise domine, l'humidité alors en fait une terre poisseuse qui se pétrit et s'attache aux outils ; la sécheresse, au contraire, la durcit, et la rend très difficile à entamer. Mais quand le sable domine, la terre est plus aisée à travailler ; elle se durcit moins par la sécheresse, et les racines s'y étendent mieux. Cette sorte de terre est très bonne pour les menus grains et pour les potagers.

VII.

Marne.

La marne est par elle même aussi infertile que le sable pur ; mais étant mélangée avec d'autres terres, elle les rend aussi fertiles que le sable gras. On ne doit donc la considérer que comme une espèce d'engrais. Le mélange qu'on en fait avec d'autre terre, est ce qu'on appelle marner les terres. Il faut voir dans les *Éléments d'agriculture* de M. Duhamel et dans le Mémoire de M. Baumé, cité plus haut, le détail de cette opération, les précautions qu'elle exige et le profit qu'on doit en attendre.

VIII.

Craie.

La craie est une espèce de pierre tendre dans laquelle les racines ne peuvent pénétrer, et qui ne paraît pas contenir beaucoup de substance propre à la végétation ; néanmoins, quand on entame la craie à force de bras, pour augmenter la superficie des copeaux qu'on en tire, la pluie, le soleil, la gelée ne laissent pas de la diviser, et, avec le secours des fumiers, elle devient capable de nourrir quelques plantes. On s'en sert dans certaines provinces comme de marne pour fertiliser les terres.

IX.

Tourbe.

La tourbe est une terre fort grasse ; il y en a de deux sortes, qui diffèrent entr'elles, en ce que l'une des deux est beaucoup plus bitumineuse que l'autre. La tourbe bitumineuse est la moins propre à la végétation ; celle qui est peu bitumineuse fait une terre fort fertile quand elle a été bien labourée, et qu'elle n'est point inondée ; mais elle est trop légère et retient difficilement les eaux de pluie ; peut-être serait-elle fort bonne si on la mêlait avec des terres trop fortes.

X.

Tuf.

Le tuf par lui-même n'est point propre à la végétation ; cependant, à force d'avoir été labouré et d'avoir reçu l'impression de la gelée et du soleil, ainsi que celle des météores, et étant aidé par des engrais, il peut devenir fertile. On sait que les terres qui ont été employées en mortier, et qui sont un véritable tuf, forment des engrais lorsqu'on les retire des vieilles murailles ; propriété dont elles sont sans doute redevables aux impressions du soleil, de la pluie et des autres météores auquels elles avaient été longtemps exposées.

OBSERVATIONS

SUR LES TERRES EN GÉNÉRAL.

I.

Effets de la neige.

La neige en général est utile, surtout lorsqu'elle tombe avant les gelées; elle préserve la terre et les blés des désordres de la gelée, parce que la neige, d'après les expériences de M. Guettard, est moins froide dans sa surface qui touche immédiatement la terre, que dans celle qui est exposée à l'air libre. D'ailleurs la neige en fondant trouve la terre molle et attendrie, de sorte que l'humidité pénètre davantage et se conserve plus longtemps. Ce n'est que dans ce sens qu'on peut dire que les neiges fertilisent les terres; car l'analyse exacte qu'on a faite de l'eau de neige fondue, n'a jamais rien fourni qui put confirmer cette propriété d'engraisser les terres, qu'on lui attribue communément (*). Il ne faut pas

(*) Duhamel. Eléments d'agriculture, tome 1.

croire non plus que la neige puisse fournir à la terre une grande quantité d'eau. Il n'y a pas de comparaison, par exemple, entre la quantité d'eau que fournissent certaines pluies d'automne, et celle que pourrait fournir la neige quelque abondante qu'on la suppose. Que l'on fasse attention qu'il faudrait au moins six pouces de neige pour fournir un pouce d'eau. D'ailleurs la neige qui tombe toujours en hiver, et qui trouve la terre durcie par les gelées précédentes, ne la pénètre pas, elle y demeure fort longtemps sans se fondre ; je l'ai quelquefois vue couvrir la terre pendant trois semaines ou un mois de suite. Pendant ce temps il s'en évapore une assez grande quantité ; évaporation qui est causée par la sécheresse de l'air, tel que celui qui souffle dans les temps où le degré de chaleur que peut avoir l'atmosphère ne suffit pas pour fondre la neige. Ce météore n'est donc favorable à la terre qu'autant que l'humidité qu'il lui procure est de nature à la pénétrer davantage et à se conserver plus longtemps.

II.

Effets de la gelée.

Les gelées, en général, ameublissent la terre et la rendent plus douce et plus maniable. Il y a cependant certaines circonstances qui rendent les gelées

4

beaucoup plus dangereuses dans certains terrains que dans d'autres. Tels sont, par exemple, les terrains naturellement humides, comme ceux qui sont situés dans les endroits bas et où les brouillards sont fréquents. Un potager situé le long d'une rivière, ou dans un marais, sera bien plus exposé à la gelée qu'un autre qui serait situé sur une hauteur ; car, dans l'exposition de ce dernier, outre que les brouillards y sont moins fréquents, il y règne toujours un air plus sec et plus agité qui dissipe l'humidité, source unique des dégâts que la gelée cause aux végétaux, comme je le dirai dans la suite. La gelée agit plus puissamment aussi dans les terres fraîchement labourées, parce que les vapeurs qui s'élèvent continuellement de la terre, transpirent plus librement et plus abondamment des terres nouvellement remuées que des autres. C'est par la même raison que la gelée cause plus de dommage dans les terres légères et sablonneuses, que dans les terres fortes, en les supposant également sèches, les exhalaisons étant bien plus abondantes dans les premières que dans celles-ci.

III.

Effets de la pluie.

Les pluies par elles-mêmes sont très avantageuses à la terre, mais cela dépend des circonstances où

elles tombent, et de la nature des terres sur lesquelles elles tombent. Par rapport à cette dernière
circonstance, j'ai déjà fait remarquer que les pluies
plus ou moins abondantes produisaient des effets
très différents dans les terres franches, argileuses
ou sablonneuses. La circonstance du temps et de la
saison où les pluies tombent, peut aussi produire
de bons ou de mauvais effets sur les végétaux ;
on a remarqué, par exemple, qu'en général les
pluies ne sont pas aussi nécessaires à la terre dans
les mois de février, de mars et d'août, que dans
ceux d'avril, juin et juillet. J'aurai soin, dans les
chapitres suivants, de particulariser davantage ces
différentes circonstances plus ou moins favorables. Je
me borne ici à une ou deux observations générales.

IV.

On a remarqué que dans les années sèches, il
pleut plus souvent qu'ailleurs, dans les endroits où
la terre a été pénétrée d'eau par un grand orage ;
apparemment que les exhalaisons, qui s'élèvent de
la terre dans ces mêmes endroits, se joignent à
celles qui forment les nuées, et les déterminent à
se résoudre en pluies.

V.

Il peut arriver que les pluies soient très abondantes, et que la terre demeure cependant toujours sèche. Cela dépend de la saison où les pluies tombent, et de la manière dont elles tombent. Les pluies du printemps, si elles ne sont pas trop fréquentes, sont fort salutaires, parce qu'elles pénètrent plus facilement la terre qui est adoucie par les gelées et par la neige de l'hiver ; mais si ces pluies tombent par orage, dans un temps chaud, ou si elles sont suivies d'un grand vent d'Est ou de Nord, elles font plus de mal que de bien. En tombant avec force, elles battent la terre, la chaleur la durcit, ou le vent du Nord la dessèche, de sorte que l'eau ne peut plus la pénétrer ; ces pluies ne servent qu'à grossir les rivières et procurent très peu d'humidité à la terre.

CHAPITRE II.

Des grains et des fourrages.

On ne peut disconvenir que si les bonnes ou les mauvaises récoltes dépendent de la nature des terres auxquelles on a confié la semence, elles dépendent beaucoup plus encore de la température de l'air, de l'influence des météores, des circonstances plus ou moins favorables où ils ont eu lieu. Il est donc intéressant de connaître précisément cette influence bonne ou mauvaise qu'ils peuvent avoir sur les productions de la terre, en comparant les progrès plus ou moins lents de celles-ci, avec les variétés observées en même temps dans la température de l'air. Cette comparaison n'est pas un simple objet de curiosité; elle apprendra au cultivateur ce qu'il a à craindre d'une température qui semble d'abord ne causer aucun mal apparent à ses grains, mais dont les suites peuvent, cependant, leur être très préjudiciables; elle l'instruira des précautions qu'il doit prendre pour les prévenir, s'il est possible; elle fera connaître au naturaliste l'origine des maladies auxquelles les grains sont exposés ; et la cause une fois bien connue, il lui sera plus facile d'y apporter remède. Tel est le but que je me suis proposé dans les recherches que j'ai faites pour recueillir le petit nombre d'observations que je vais mettre sous les yeux du lecteur.

Je parlerai, dans le premier article de ce chapitre, des grains qui se sèment avant l'hiver, tels que le blé et le seigle ; je traiterai, dans le second, des menus grains qui se sèment en mars, tels que l'avoine, l'orge, le blé de mars, etc.; enfin je dirai quelque chose, dans le second article, des foins et des fourrages en général.

ARTICLE I.

OBSERVATIONS

SUR LE BLÉ ET LE SEIGLE.

Je présente, dans cet article, le résultat des observations qu'on a faites sur le temps le plus propre pour les semailles, sur le progrès de la végétation du blé et les circonstances qui lui sont favorables ou nuisibles, ce qui me donne lieu de parler des effets que produisent sur les blés la gelée, la neige, la grêle, les brouillards et les pluies en général. Je passe ensuite au détail des différentes influences que peuvent avoir la sécheresse et l'humidité, le froid et le chaud des différentes saisons, les pluies et les vents de certains mois, tels que ceux du printemps, de l'été et de l'automne ; enfin j'examine ce que les années sèches et les années humides peuvent faire à l'égard des récoltes plus ou moins abondantes.

I.

Temps des semailles.

On ne peut guère donner une règle fixe et générale sur le temps précis où l'on doit semer les grains. Cela doit varier selon les pays, la nature des terres et les circonstances de températures plus ou moins favorables. Je me bornerai donc ici à des généralités qui seront nécessairement sujettes à quelques exceptions. Je tire les remarques que je vais faire des *Éléments d'agriculture* de M. Duhamel et d'un Mémoire de M. Tillet sur cette matière.

II.

En général, on ne doit ni trop se presser, ni trop différer de semer. Les fermiers remarquent, assez ordinairement, que les grains qu'ils ont mis les premiers en terre sont ceux qui, dans le temps de la moisson, parviennent les premiers à la maturité. Il suit de là que, quoiqu'il y ait quelquefois de l'avantage à accélérer les semailles, quand la saison de mettre les blés en terre est venue, il y a néanmoins quelques raisons pour ne pas semer tous les grains en même temps, afin que, ne mûrissant pas tout à fait aussitôt les uns que les autres, on puisse, dans le temps de la moisson, les ramasser avant qu'une trop grande maturité les dispose à s'égrainer ; mais c'est là un petit avantage qui ne doit pas empêcher de profiter de la saison convenable pour faire promptement les semailles.

III.

Il reste à savoir lequel est le plus avantageux de semer de bonne heure ou tard. J'ai déjà dit qu'on ne pouvait pas fixer un temps précis, parce que ce temps doit varier dans les différentes provinces, suivant qu'elles sont plus ou moins méridionales ; je ne peux donc proposer ici que des réflexions générales dont chacun pourra tirer les conséquences qui lui paraîtront les plus utiles.

IV.

Comme il est toujours avantageux d'avancer les récoltes, et que d'ailleurs il est d'expérience que les blés semés de bonne heure se recueillent un peu plus tôt que ceux qu'on sème tard, il s'en suivrait qu'il faudrait semer de bonne heure. On sait que les grains ont à souffrir de la rigueur de l'hiver, la gelée les fatigue beaucoup ; ainsi il faut qu'ils aient produit assez de racines et de feuilles, avant l'hiver, pour pouvoir supporter les plus fortes gelées. Cette raison doit encore engager à semer d'assez bonne heure, surtout dans les pays septentrionaux où les gelées se font sentir plus tôt que dans les méridionaux. Enfin, on dit avoir remarqué que dans les années où il y a de la nielle, les grains qui ont été semés tard y sont plus exposés que les autres.

V.

Si l'on pouvait prévoir que l'automne sera froid, on courrait peu de risque de semer de bonne heure; mais comme on ne peut pas deviner le temps qu'il fera, on s'expose à des contre-temps en semant trop tôt ; car les semailles étant faites de bonne heure, s'il arrive que l'automne soit humide et doux, les blés poussent tellement en vert, qu'ils rouillent quelquefois avant l'hiver , et cet accident leur cause un préjudice considérable. Le vert, que les blés ont poussé avant l'hiver, périt dans cette saison, pour peu qu'elle soit rigoureuse ; et quelques uns pensent que les plantes, épuisées par les premières productions , poussent moins vigoureusement au printemps ; mais ce fait n'est pas suffisamment prouvé. Enfin , si on avait tellement avancé les semences, que les grains eussent commencé à monter en tuyaux avant l'hiver, les gelées qui détruiraient ces productions fatigueraient beaucoup les plantes qui n'auraient souffert aucun dommage si elles n'avaient eu que leur première feuille.

VI.

Le temps de faire les semailles, dans le climat de Genève, est à la fin d'août et dans tout le mois de septembre ; dans la Beauce, le Gâtinais et la France, on sème les froments au commencement d'octobre; en Limousin et en Angoumois, c'est à la fin de ce mois ; aux environs de Bordeaux, c'est dans le mois de décembre. On peut dire, en général, que les froments doivent être semés vers la mi-octobre, et qu'il faut employer le moins de temps possible pour la semence de chaque espèce de grain.

VII.

A l'égard du seigle, on ne peut trop déterminer le temps de le semer : cela dépend beaucoup de la qualité du terrain. On doit ensemencer de bonne heure les terres blanchâtres qui tiennent beaucoup de la craie et qui n'ont qu'une légère couche de terre végétale, aussi bien que celles qui sont gra-veleuses, maigres, faibles et assez sèches. Comme la végétation s'opère plus lentement dans ces sortes de terres, en hâtant les semailles, on donne le

temps au seigle de se fortifier avant les gelées. On
ne risque rien, au contraire, de différer les semailles dans les terres grises ou brunes qui ont une
certaine profondeur et sont assez fortes pour
retenir une humidité convenable. Les bornes du
temps propre aux semailles du seigle sont, depuis
la mi-août, jusqu'à la mi-septembre. Ceux qui les
retardent jusqu'à la fin de septembre disent pour
raison qu'ils veulent éviter les inconvénients des
froids du printemps, qui font d'autant plus de tort
aux seigles, qu'ils sont plus avancés ; mais cette
précaution n'empêche pas qu'ils soient souvent
trompés, car les gelées du printemps, dont ils veulent se mettre à l'abri, en semant tard, sont fort
irrégulières dans leurs retours. Il y a des années ,
en effet, où le froid rigoureux de cette saison peut
faire périr les seigles les plus avancés, et d'autres
où il n'est pas assez vif pour que ces mêmes seigles
puissent geler. D'ailleurs, on est obligé, en semant
tard, d'employer beaucoup plus de grains pour la
semence, que si l'on semait de bonne heure, parce
qu'il est évident qu'en semant tard, le seigle a bien
moins de temps pour taller. On tâche alors de
regagner, par l'abondance des pieds de seigles simples et réduits à une ou deux tiges , ce qu'on aurait
obtenu par un moindre nombre de pieds vigoureux
et fournis de plusieurs tuyaux. Il paraît donc qu'en
général, il est avantageux de semer les seigles de

bonne heure, c'est à dire depuis la fin d'août jusqu'à la mi-septembre.

VIII.

Serait-il possible de semer après l'hiver les grains qui doivent être semés avant cette saison, et si on le faisait qu'en résulterait-il ? L'expérience seule peut nous instruire là dessus. Voici donc le détail et le résultat des expériences et des observations que M. Duhamel a faites pour satisfaire sa curiosité sur ce point.

Ce savant fit semer, dans un même champ divisé par planches, une certaine quantité de blé dans cinq différentes saisons, savoir : dans les mois d'octobre et de décembre 1744, et février, mai et juillet 1745.

— Au commencement du mois de mars 1745, le blé semé en octobre était semblable à celui des champs.

Celui qui avait été semé en décembre était à peu près aussi fort, mais il n'avait pas autant tallé, et les feuilles en étaient plus étroites.

Celui qui avait été semé en février était à peu près semblable à celui de décembre, excepté qu'il était plus bas.

— A la fin de juin, le blé d'octobre était en épi. Celui de décembre était aussi épié, mais les épis étaient petits et la paille forte courte.

Celui de février était tout vert; il montrait très peu d'épis et était presque étouffé par les mauvaises herbes.

Celui de mai était en herbe; ses feuilles étaient assez larges, mais la plupart étaient rouillées.

— Le 15 juillet, on sema le blé de la cinquième saison ; alors le blé d'octobre était presque bon à scier.

Celui de décembre était aussi approchant de sa maturité, mais les épis étaient plus courts et la paille moins longue.

Celui de février, qui était étouffé par les mauvaises herbes, n'avait que quelques petits épis clair-semés, presques vides de grains et soutenus par une paille courte et veule.

Le blé semé en mai n'avait pas monté en tuyau; il avait assez bien tallé, mais les feuilles d'en bas étaient fort jaunes.

— Enfin dans le mois d'août, ceux d'octobre étaient semblables au blés de la campagne.

Ceux de décembre étaient un peu plus bas.

Ceux de février ressemblaient plutôt à un pré qu'à un champ de blé.

Ceux de mai étaient en herbe et n'avaient point monté en tuyau.

Ceux de juillet étaient mal levés.

« Cette expérience prouve, conclut M. Duhamel, » qu'il est nécessaire que les blés soient semés

» vers la fin de l'automne au plus tard; mais il serait
» imprudent de rien conclure d'une seule expé-
» rience, puisqu'on sait qu'en certaines années ce
» sont les blés les premiers semés qui réussissent
» le mieux, et qu'en d'autres, les blés les plus
» tardifs sont les meilleurs. »

J'observerai ici que M. Delu, ayant semé du blé
de mars avant l'hiver, ce grain devint aussi fort
que les blés d'hiver et fournit une bonne récolte ;
les gelées n'avaient probablement pas été assez
fortes pour faire périr la semence.

IX.

Température favorable aux semailles.

Parlons maintenant des circonstances favorables
aux semailles. Il est certain que, pour le mieux,
il faut que la terre soit un peu humide, sans être
assez humectée pour se pétrir. Si l'on pouvait prévoir le temps qui arrivera, on ferait bien de retarder
un peu les semailles lorsqu'il a beaucoup plu, pour
attendre que la terre soit ressuyée ; ou bien, on
sèmerait dans la terre très sèche quelques jours
avant qu'il vînt de la pluie, parce que les grains
étant toujours fort longtemps à lever lorsque la
terre est sèche, il y a, dans cette circonstance, une
partie du grain qui ne germe point. Mais comme

on ne peut savoir si la sécheresse durera longtemps,
un fermier, qui a une grande exploitation, doit
commencer ses semailles quand la saison est venue.
Je lui ferai cependant faire une réflexion : c'est que
celui qui sème au commencement de septembre,
peut attendre longtemps de la pluie, au lieu que
celui qui sème en octobre n'en est pas ordinairement privé pour longtemps. Ainsi, le premier peut,
dans le cas d'une sécheresse, retarder ses semailles ;
mais l'autre fera bien de les commencer, malgré
la sécheresse, se fondant en cela sur le principe des
laboureurs, qui disent qu'il faut semer les froments
dans la poussière, parce qu'on touche à la saison
des pluies, et les mars dans le mortier, parce que
souvent il survient de grands hâles en avril. En
général, les grandes pluies d'automne sont contraires
aux semailles, surtout dans les terres fortes et argileuses. Cette grande humidité de la terre empêche
que la semence soit bien enterrée, de manière que
tout ne lève pas, et les blés sont clairs. On doit
surtout être attentif à bien enterrer la semence dans
les terres légères ; car si l'année était sèche, il y
en aurait une grande partie qui ne lèverait pas. La
chaleur seule, accompagnée d'humidité, pourrait
parer à cet inconvénient. Les pluies, qui viennent
un peu après les semailles, sont très avantageuses
pour la germination du grain, et il ne tarde pas
à lever.

X.

Lorsque les semailles ont été faites dans des circonstances peu favorables, qu'elles ont été suivies, par exemple, d'une gelée d'assez longue durée, il ne faut pas pour cela désespérer de la récolte ; car c'est un fait, que les blés peuvent se conserver longtemps en terre sans germer, et, par conséquent, sans souffrir de la gelée : On les a quelquefois vus ne lever qu'un mois après avoir été semés. M. Duhamel dit avoir remarqué qu'une pièce de terre, qui avait été semée fort tard en seigle, ne leva qu'à la fin de février ; que néanmoins la moisson fut bonne et que les grains étaient suffisamment épais.

XI.

Progrès de la végétation du blé.

Ce qui rend la moisson abondante, c'est la quantité de tiges que chaque grain peut produire, et c'est pendant l'hiver que les tiges se préparent et se multiplient. Le froid, qui suspend la végétation, empêche l'herbe de s'élever ; mais en même temps les racines se fortifient, elles produisent des nœuds qui sont recouverts de terre, et des jets s'élèvent de ces racines qui sont près de la superficie de la terre ; voilà ce qui forme les talles ; il y a des circonstances dépendantes des saisons, qui sont singulièrement favorables à ces productions. Dans les hivers froids, où il y a de fortes gelées, bien loin qu'il se fasse des productions en racines et en tiges, les plantes perdent une partie de celles qu'elles avaient faites pendant l'automne : au contraire, dans les hivers doux, il se fait lentement plusieurs productions. Quand les printemps sont froids et secs, il s'en fait peu ; au contraire, les printemps frais et humides sont très favorables aux talles. Si dans les cas où l'hiver et le printemps ont été contraires à la végétation, il vient des chaleurs vives, les grains montent tout de suite en tuyaux sans avoir tallé : si, au contraire, les chaleurs n'arrivent que quand les pieds ont fait de nouvelles productions en terre et hors de terre, il s'élève plusieurs tuyaux d'un seul grain, et les récoltes en sont plus abondantes. Il suit, de là, que tout ce qui peut favoriser l'augmentation des talles, doit produire aussi des récoltes abondantes.

XII.

Dans les années sèches, les grains doivent plus taller dans les bonnes terres franches, que dans les terres légères, parce que celles-ci se dessèchent plus promptement. Mais, dans les années humides et froides, il arrive que les grains tallent plus dans les terres légères que dans les franches qui sont plus froides.

XIII.

Les grains tallent plus ou moins, selon qu'ils ont plus ou moins besoin de chaleur pour monter en tuyau. Ainsi, le seigle, qui a moins besoin de chaleur que le froment pour épier, ne talle point autant que le froment. Il arrive même quelquefois que lorsque l'automne est trop doux, le seigle monte en tuyau avant l'hiver, et ces tuyaux délicats sont exposés ensuite à périr par les gelées.

XIV.

Le seigle monte en épi trois semaines avant le froment ; sa fleur et sa maturité précédent aussi de trois semaines celles du froment. J'en ai apporté la raison plus haut, c'est que le seigle a besoin d'une moindre chaleur que le froment pour faire ses productions. Il y a des pays septentrionaux, comme la Suède, où le seigle parvient à maturité, tandis que le froment n'y mûrit pas.

XV.

A l'égard de la température favorable à la végé-

tation du blé, on peut dire, en général, qu'il faut
un hiver plus froid que doux, un printemps humide
et tempéré, un été chaud et assez sec et un automne
humide. L'hiver doit être plus froid que doux, afin
que les blés ne fassent pas, dans cette saison, des
productions qui seraient exposées à souffrir des
gelées assez fortes qui viennent quelquefois au
commencement du printemps. Il faut que le printemps soit humide et tempéré; s'il était sec, les
blés languiraient et jauniraient; s'il était trop froid
ou trop chaud, les plantes ne pourraient pas taller,
et les épis seraient clairs. Un été chaud et assez
sec donne de la qualité au blé, en lui procurant
une parfaite maturité, et en mettant obstacle à la
multiplication des mauvaises herbes, qui est telle,
dans certaines années humides et froides, qu'elles
étouffent le blé au point que sur trois gerbes de
blé on en a retiré quelquefois deux de mauvaises
herbes. Enfin l'automne doit être humide et doux
pour faire germer et lever promptement le grain,
et lui donner le temps de se fortifier, surtout en
racines, avant les gelées.

XVI.

C'est au défaut de ces circonstances favorables
qu'on doit attribuer les différences frappantes et
singulières que l'on observe quelquefois entre le

temps de la maturité du blé dans une année, et celui d'une autre année. L'inspection de la table où j'ai marqué le temps de la maturité des grains depuis 1741, époque des observations de M. Duhamel, jusqu'en 1770, fera voir que cette différence va quelquefois à un mois. Ainsi, en 1762, les blés étaient mûrs le 20 juillet, et ils ne l'étaient, en 1770 que le 20 août; il en est de même de la maturité du seigle. Ce qui contribue surtout à rendre une année hâtive ou tardive, c'est la somme plus ou moins grande des degrés de chaleur qui agissent sur la surface de la terre dans les trois mois d'avril, mai et juin; de manière qu'en comparant, dans deux années différentes, l'état des blés avant cette époque, il peut arriver que le progrès de leur végétation soit très différent, sans cependant que la moisson soit plus tardive dans l'une de ces deux années que dans l'autre. Ainsi, on remarqua, en 1753, que les blés étaient plus verts et plus forts, à la fin de décembre, qu'ils ne l'étaient en 1752, au mois d'avril; cependant il n'y eut que sept jours de différence pour le temps de la maturité du blé entre ces deux années.

XVII.

Degrés de chaleur moyenne nécessaire à la végétation.

J'ai été frappé de cette correspondance, qui se rencontre presque toujours entre la somme plus ou moins forte des degrés de chaleur indiqués par le thermomètre pendant les mois d'avril, mai et juin, et le temps plus ou moins avancé de la maturité des grains. C'est ce qui m'a déterminé à mettre sous les yeux du lecteur une table où il trouvera cette somme des degrés de chaleur pour chacun des trois mois les plus favorables à la végétation, depuis 1748 jusqu'en 1770. J'ai distribué ces années en différentes classes, selon la température qui a été la plus dominante dans chacune de ces années. Je les ai distinguées en années froides et humides, froides et sèches, chaudes et sèches et variables.

On remarquera, dans cette table, premièrement : qu'en comparant la somme des degrés de chaleur de chaque année, qui occupe la cinquième colonne, avec le temps de la maturité du blé, indiqué dans la seconde colonne de la table X, on trouvera toujours que le temps de la maturité du blé a été d'autant plus retardée, que la somme des degrés de chaleur a été moins grande et *vice-versâ*. Par exemple, en 1765, la somme des degrés de chaleur fut de 1144, et la moisson commença le 23 juillet : mais en 1770, où la somme des degrés de chaleur ne fut que de 817, la moisson ne commença que le 20 août. En 1769, la somme des degrés de chaleur ne fut que de 961, la moisson commença le 1ᵉʳ août; en 1755, où la somme des degrés de chaleur fut de 1348, la moisson commença le 20 juillet. Je ne pousse pas plus loin ce détail ; il suffit de jeter les yeux sur ces deux tables pour s'assurer de la justesse de cette correspondance.

On remarquera, secondement, que la somme moyenne des degrés de chaleur est, dans les années froides et humides, de 196 pour le mois d'avril, 367 pour le mois de mai, et 444 pour le mois de juin ; ce qui donne 1007 degrés pour la chaleur moyenne de ces trois mois.

Dans les années froides et sèches, la somme moyenne est en avril de 248 degrés, en mai de 373 degrés et en juin de 423 degrés, ce qui fixe le degré de la chaleur moyenne totale à 1044.

Dans les années chaudes et sèches, la température moyenne du mois d'avril et de 284 degrés, celle de mai de 412 degrés et celle de juin de 490 degrés ; donc la chaleur moyenne de ces années doit aller à 1186 degrés.

Enfin, dans les années variables, la chaleur moyenne est de 288 degrés pour le mois d'avril, de 386 degrés pour le mois de mai, et de 470 degrés pour le mois de juin ; d'où résulte une chaleur moyenne, pour chacune de ces années égale, à 1144 degrés.

En additionnant toutes ces sommes, mois par mois, on aura, en général, pour la chaleur moyenne du mois d'avril, 254 degrés, pour celle du mois de mai 384 degrés, et pour celle du mois de juin 456 degrés ; ce qui fait, pour la chaleur moyenne totale de chaque année, 1094 degrés. C'est à peu près aussi celle que donne la somme totale des degrés de chaleur qui ont agi sur la surface de la terre pendant l'espace de vingt-deux années comprises dans la table ; car cette somme se monte à $23,948/22$ degrés $= 1090$ degrés ; ainsi, on peut dire, qu'année commune, la somme des degrés de chaleur nécessaire pour la végétation est de 1100 degrés.

XVIII.

» Il serait peut-être curieux, dit M. de Réaumur,
» de continuer les comparaisons de cette espèce et
» de les pousser même plus loin ; de comparer la
» somme des degrés de chaleur d'une année avec
» la somme entière des degrés de plusieurs autres
» années ; de faire des comparaisons de la somme
» des degrés de chaleur qui agissent pendant une
» même année dans les pays les plus chauds, avec

» la somme des degrés de chaleur qui agissent dans
» les pays froids et dans les pays tempérés ; de
» comparer entr'elles les sommes de chaleurs des
» mêmes mois en différents pays. On fait des récoltes
» des mêmes grains dans des climats de tempéra-
» ture fort différente, on verrait avec plaisir la
» comparaison de la somme des degrés de chaleur
» des mois pendant lesquels les blés prennent la
» plus grande partie de leur accroissement, et par-
» viennent à une parfaite maturité dans les pays
» chauds, comme en Espagne, en Afrique, etc.;
» dans les pays tempérés, comme en France, etc.,
» et dans les pays froids, comme ceux du Nord. »

Il faut espérer que le goût des observations météorologiques, se répandant de plus en plus, on sera en état de faire bientôt ces sortes de comparaisons intéressantes que M. de Réaumur ne pouvait que désirer C'est pour répondre en partie à ces vues de M. de Réaumur, que j'ai dressé une espèce de calendrier où l'on trouvera, pour chaque jour du mois, le degré moyen de chaleur conclu de vingt années d'observations que j'ai comparées.

L'influence plus ou moins favorable des différents météores peut encore accélérer ou retarder la végétation. C'est ce que nous allons examiner dans les articles suivants.

XIX.

Effets de la gelée.

Je parlerai, dans l'article qui concernera les arbres fruitiers, des effets de la gelée à l'égard des végétaux, et je prouverai que les faux dégels seuls causent tous les dégâts dont certaines gelées ont été suivies ; que la gelée, qui a lieu dans un temps sec, n'occasionne ordinairement aucun dommage, surtout aux blés qui ne gèlent pas facilement ; car, on remarqua, en 1740, que les blés étaient très beaux, quoique la gelée ait duré deux mois et demi. Ils ne laissent pas même de lever dans les années où les gelées viennent, immédiatement après les semailles. Il n'y a donc que les faux dégels qui, comme je l'ai dit, soient contraires aux blés, et cela arrive dans certaines circonstances qu'il est bon de détailler : 1° Lorsque les terres sont fort humectées ; 2° Lorsque la germination a été retardée, et que les blés ne font que de lever dans le temps où le faux dégel a lieu ; 3° Lorsque la gelée reprend tout à coup avec violence ; 4° Lorsque les feuilles du blé se trouvent entre deux glaces ; 5° Lorsqu'il n'y a point de neige sur la terre ; 6° Lorsque la gelée, en soulevant la terre, met les racines du blé dans le cas de se trouver à la surface de la terre, et les expose ainsi à toute la rigueur du froid.

XX.

Si, avant que les blés soient bien levés, on a lieu
de craindre qu'ils soient gelés par la racine, on s'en
assurerait en faisant lever, à coups de pioche, quelques mottes de terre dans un terrain ensemencé :
on les portera dans une cave pour les faire dégeler.
Si on aperçoit des racines à chaque brin de blé,
c'est une preuve qu'ils n'ont point été endommagés.
Dans le cas où ils l'auraient été, il serait plus
avantageux de retourner les terres au mois de mars
pour y semer des grains de cette saison, que de se
fonder sur la récolte des premiers grains.

XXI.

Il est avantageux que les gelées ne viennent
que quand les grains d'hiver ont pris un peu de
force, parce que l'espèce d'oignon ou de collet qui
se forme au-dessus des racines, étant devenu plus
gros, il a moins à craindre des effets de la gelée,
et ses productions sont plus belles. La continuité
des gelées ne peut, dans cette circonstance, qu'être
favorable aux blés, en ce qu'elle rend les mauvaises
herbes plus rares ; elle arrête aussi les progrès du
charbon, en faisant périr les pieds affectés de cette
maladie ; car on a remarqué que les blés n'étaient
jamais moins charbonnés que dans les années où
l'hiver avait été long et rude.

XXII.

Jusqu'ici je n'ai parlé que des gelées d'hiver, et nous avons vu qu'en général, elles n'étaient pas à redouter pour les blés. Il n'en est pas de même des gelées du printemps, qui leur sont toujours funestes, à moins qu'elles n'aient été précédées par une longue sécheresse. Si l'on trouve quelquefois de gros grains dans des épis fort courts, c'est à ces gelées du printemps qu'il faut s'en prendre ; ces grains n'ont acquis une grosseur démesurée, que parce que la pointe des épis est morte. Supposons, par exemple, que dans le mois d'avril, quand les épis commencent à se dégager des feuilles, il survienne une gelée qui endommage la pointe des épis naissants, cette portion meurt, mais le reste continuant à croître, ces grains deviennent gros et bien nourris, comme s'il n'était point arrivé d'accident ; dans ce cas, l'épi est court, il contient peu de grains, mais ces grains sont beaux. Il n'en est pas de même quand la petitesse de l'épi procède de la faiblesse de la plante, c'est ce qui arrive dans les grandes sécheresses, où la plante, faute de substance, pousse avec peu de force ; les feuilles, la paille, l'épi sont faibles, et dans ce cas les grains sont menus. Un autre inconvénient des gelées du printemps, c'est de rendre les blés stériles, en affectant particulièrement les organes femelles de la plante. Un coup de soleil, qui survient après une pluie abondante , peut produire aussi le même effet.

XXIII.

Effets de la neige

Il est avantageux pour la conservation des blés en hiver, que la terre soit couverte de neige, car c'est un fait que j'ai déjà prouvé, savoir : que la surface de la neige est plus froide que celle de la terre qu'elle couvre. Il y a cependant des années où les blés se conservent très bien dans les grands froids, quoiqu'il n'y ait pas de neige, c'est ce qui arrive lorsque la terre est bien sèche ; elle forme alors une croûte que le froid ne pénètre que difficilement, et les racines du blé se trouvent à l'abri de la gelée.

XXIV.

J'ai déjà dit que la grande quantité de neige ne contribuait en rien à la fertilité de la terre, et qu'elle n'influait pas sur l'abondance de la récolte. Il n'est point rare, surtout dans les environs de Paris, de voir des hivers où il ne tombe point de neige, et cependant les récoltes n'y sont pas moins bonnes que dans les pays où il en tombe beaucoup.

Il est vrai que la neige, en demeurant longtemps
sur la surface de la terre, y peut retenir les sels
qui s'en élèvent continuellement, et qui, en rentrant
dans la terre lorsque la neige se fond, peuvent la
rendre plus fertile. Il y a certaines pluies qui peuvent produire aussi le même effet, si elles se trouvent
imprégnées des mêmes sels ; telles sont, par exemple, les pluies d'orage.

XXV.

Effets de la grêle.

On sait que la grêle est le plus grand fléau que
les blés aient à redouter. Il faut remarquer, cependant, que les désordres qu'elle occasionne sont plus
ou moins dangereux, selon que les blés sont plus
ou moins avancés ; car on a souvent remarqué, et
j'en ai été témoin à l'occasion de cette fameuse
grêle qui ravagea, en 1770, le Soissonnais, le Laon-
nais et une partie de la Picardie ; on a, dis-je,
remarqué que lorsque la grêle a haché les blés
même épiés, ils repoussent du pied de nouvelles
tiges qui produisent des petits épis, et la récolte
peut encore être assez bonne. Il ne faut donc pas
se presser de retourner les terres qui ont été frap-
pées de ce fléau. Une suite ordinaire de la grêle,
et qui est presque aussi à craindre que le dégât

qu'elle fait elle-même en tombant, c'est de refroidir
tellement l'atmosphère, qu'il n'est pas rare de lui
voir succéder des gelées blanches très pernicieuses
à toutes les espèces de végétaux.

XXVI.

Effets des brouillards.

Les brouillards, qui sont formés par des vapeurs
et des exhalaisons, sont souvent beaucoup plus
utiles que les pluies pour la nourriture des plantes;
lorsqu'ils sont fréquents, ils suppléent abondamment
aux neiges, aux pluies et aux rosées. L'humidité
qu'ils procurent à la terre s'y conserve longtemps; et
comme ils sont toujours chargés de sels et d'autres
exhalaisons, ils favorisent beaucoup la végétation.

XXVII.

Il n'en est pas de même de toutes les espèces
de brouillards, particulièrement de ces brouillards
froids et secs qui s'élèvent quelquefois dans le mois
de juin, c'est la cause ordinaire de la rouille des
blés, surtout lorsque ces brouillards arrivent dans
le temps où les froments sont dans la plus grande
force de leur végétation. M. Duhamel (*) dit avoir

(*) Eléments d'agriculture, tome 1.

remarqué plusieurs fois, que quand un rayon de soleil assez chaud succédait à ces brouillards secs, il arrivait quelques jours après que les froments étaient rouillés. Cette maladie des blés est rare dans les années hâleuses; mais quand le printemps surtout est humide, les plus beaux froments courent grand risque d'être perdus par la rouille; elle se manifeste ordinairement lorsque, pendant plusieurs jours secs, il n'y a point eu de rosée, et que le matin, après un brouillard sec, le soleil vient à se montrer : On l'aperçoit d'abord sur les feuilles, et bientôt elle se communique aux tuyaux, à moins qu'il ne survienne une pluie qui en arrête les progrès. Tant qu'elle n'attaque que les feuilles, elle ne fait point de tort à la plante ; les laboureurs qui ont fait cette observation, ont soin de faire couper les feuilles rouillées, il en repousse des nouvelles sur les mêmes pieds, qui prospèrent beaucoup mieux que ceux à qui on n'a point fait ce retranchement. On peut donc éfaner les blés quand la rouille les prend; mais cette opération ne peut se faire que lorsqu'ils sont fort jeunes. On trouvera de très bonnes observations sur cette maladie des blés, dans les *Eléments d'agriculture* de M. Duhamel, cités plus haut.

XXVIII.

Il faut remarquer que les brouillards secs dont

je viens de parler, ne sont point à craindre pour les blés, lorsque les feuilles ont été durcies par une longue sécheresse qui a précédé, ou lorsque les grains sont déjà presque formés dans les épis. Dans le premier cas, la poussière corrosive de la rouille ne peut pas mordre sur ces plantes endurcies ; et, dans le second cas, elle ne peut plus nuire à la végétation du grain ; car, lorsqu'il a acquis à peu près toute la grosseur qu'il doit avoir, il n'a presque plus besoin de nouvelle sève ; tout le jeu de la végétation consiste alors à raffiner la substance laiteuse dont il regorge.

XXIX.

Effets des pluies en général.

La même quantité de pluie, qui suffit dans une année pour produire une récolte abondante, n'est quelquefois pas suffisante dans une autre année ; il faut d'autres circonstances. Si, par exemple, les chaleurs sont modérées dans une année, elle sera plus féconde, avec la même quantité de pluie, qu'une autre année où les chaleurs auront commencé de bonne heure et duré longtemps, et où les nuages n'auront que rarement couvert le ciel. La terre, étant plus échauffée, a besoin d'une plus grande quantité de pluie pour acquérir le degré d'humidité favorable aux plantes. Si les pluies étaient fréquentes et le ciel presque toujours couvert, la végétation ne se ferait que lentement, et l'année serait tardive. Il faut donc que l'intensité de la chaleur soit proportionnée à la quantité de pluie.

XXX.

Pour que les pluies soient distribuées d'une manière favorable à la végétation, il faut qu'elles viennent en octobre pour faire lever les blés ; en mars et avril, pour faciliter aussi la levée des menus grains qu'on sème dans cette saison, et pour faire pousser l'herbe des prés ; et en juillet, pour achever la formation des grains de toute espèce. Je vais entrer dans quelques détails sur les pluies de ces différentes saisons et leurs effets à l'égard des grains d'hiver.

XXXI.

Effets des pluies particulières.

Pluies du mois de mars.

On a remarqué que les pluies et les fraîcheurs du mois de mars faisaient rougir les feuilles des blés. Sans doute que ces pluies trop fréquentes causent une altération dans la sève, elles la divisent trop ; si, au contraire, ces pluies sont petites et peu fréquentes, elles contribuent beaucoup à la fertilité de la terre. Les pluies, même abondantes, du mois de mars, ne forment pas ordinairement des mares dans les campagnes, parce que la terre ayant été soulevée par les gelées qui les ont précédées, l'eau s'insinue plus facilement et pénètre davantage.

XXXII.

Pluies du mois d'avril.

Les pluies qui tombent en avril sont très favorables aux blés, et principalement à la paille ; en voici la raison : Quand, en automne, le blé germe, il pousse en terre plusieurs racines, et peu de temps après il paraît, à la superficie de la terre, quelques feuilles. A ces premières feuilles et à ces premières racines il s'en joint d'autres, surtout quand l'automne est humide et doux ; à l'endroit de l'insertion des feuilles et des racines, il se forme, comme je l'ai déjà dit, une grosseur ou une espèce d'oignon, c'est de cette grosseur que partent de nouvelles racines et de nouvelles feuilles. Pour peu que les gelées d'hiver soient fortes, presque toutes les feuilles et presque toutes les racines d'automne périssent. Il faut donc que l'espèce d'oignon dont je viens de parler fasse tous les frais de la récolte, et qu'il produise de nouvelles feuilles et de nouvelles racines ; c'est ce qui arrive ordinairement en avril, quand ce mois est doux et pluvieux. S'il est, au contraire, froid et sec, ces racines printanières ne se développent que lentement et faiblement ; et comme les feuilles ne profitent que proportionnellement au nombre des racines, il en résulte nécessairement un retard qui est très préjudiciable aux blés. On dira peut-être que quand ces pluies ne viendraient qu'à la fin de mai, ou même au commencement de juin, ces racines se formeraient également comme en avril. J'en suis très persuadé, mais rarement produiront-elles le même effet, parce que c'est à la fin de juin que viennent ordinairement les grandes chaleurs qui dessèchent la paille, mûrissent le grain, et arrêtent le progrès de ces plantes. Toutes ces observations sont fondées sur les expériences que M. Duhamel a faites en semant des grains de blé sur des petits morceaux d'éponges qui flottaient sur l'eau, et en arrachant du blé dans les champs en différentes saisons de l'année.

XXXIII.

Pluies des mois d'été.

Les pluies d'été, en général, ne contribuent guère

à la nourriture des plantes, parce qu'elles sont bientôt réduites en vapeurs par la chaleur de la terre; d'ailleurs, comme elles tombent avec force, elles battent la terre et ne la pénètrent pas. Ces pluies, lorsqu'elles sont froides, font couler la fleur des blés.

XXXIV.

Effets de la température des différentes saisons et de l'année entière.

Après avoir exposé les effets que produisent, à l'égard des blés, les différents météores, considérés séparément, je vais jeter un coup-d'œil général sur ce que l'on doit attendre des différentes températures de chaque saison, et, en étendant encore davantage notre coup-d'œil, nous le porterons sur l'influence de la température des années sèches ou humides, froides ou chaudes, et les effets qui en résultent. Commençons par décrire les effets de la température des différentes saisons. Je ne dirai rien ici de la température de l'automne, parce que j'en ai suffisamment parlé en traitant des semailles.

XXXV.

Effets de l'humidité du printemps et de l'été.

La grande humidité, qui a quelquefois lieu à la

fin du printemps et au commencement de l'été, contribue beaucoup à la multiplication des mauvaises herbes qui mettent les blés en danger de verser. D'ailleurs, dans les temps humides, il survient ordinairement des brouillards qui gâtent le grain quand il commence à se former. Les blés n'ont besoin, dans l'été, que d'être humectés de temps en temps par quelques petites pluies qui, lorsqu'elles sont bien distribuées et bien ménagées, produisent de très bons effets. Si elles étaient trop abondantes, surtout dans le mois de mai, temps où l'épi se forme et se développe, elles nuiraient beaucoup à la récolte. On peut donc dire, en général, que l'humidité modérée du printemps est avantageuse aux blés pour les fortifier.

Ils ont aussi à redouter, dans cette saison, de grands vents secs qui les empêchent de taller, parce que la transpiration de la sève étant surabondante et promptement dissipée, ce qui en reste ne peut plus fournir qu'à la nourriture d'un tuyau. On voit alors jaunir les feuilles, et il n'y a qu'une pluie douce qui puisse, dans ce cas, les faire reverdir. C'est aussi la raison pour laquelle les blés sont plus fatigués dans les terres légères que dans les terres fortes, et plus exposés à être déracinés par les grands vents dont je parle.

XXXVI.

Effets de la sécheresse du printemps et de l'été.

Le blé est une des plantes qui supportent le mieux la sécheresse ; aussi a-t-on remarqué que dans les années où le printemps et l'été avaient été très secs, la récolte n'avait pas laissé que d'être fort bonne ; au reste, cela peut venir de la fraîcheur et de l'humidité des terres de ces pays-ci. Ainsi, en 1702 et 1719, où il n'est tombé, dans chacune de ces années, que 9 pouces 4 lignes d'eau, la récolte fut abondante ; et on remarquera que les trois mois de mars, d'avril et de mai n'avaient fourni qu'un pouce d'eau. La sécheresse de l'été est utile, d'ailleurs, pour la netteté du grain ; on ne voit point alors ces mauvaises herbes qui sont si communes dans les étés pluvieux, qui étouffent les blés et les font verser. Si le froid se joignait à la sécheresse, elle empêcherait les blés de profiter, surtout dans les terres blanches. Les grandes sécheresses de l'hiver et du printemps sont redoutables pour les blés, en ce que les mulots et les souris savent en profiter pour faire des dégâts considérables. J'ai vu des années où ces animaux avaient tellement dévasté les guérêts, que les fermiers furent obligés de retourner leurs terres, au mois de mars, pour y semer des grains de cette saison.

XXXVII.

Effets du froid du printemps et de l'été.

Lorsque l'été a été tellement froid, que les blés n'ont pu mûrir, s'il survient des chaleurs au mois d'août, les blés jaunissent, et, ne pouvant plus recevoir une nourriture suffisante, ils restent retraits ou échaudés, le tiers de l'épi est vîde, et les deux autres tiers ne contiennent que des grains mal nourris.

XXXVIII.

Les fraîcheurs et les pluies de l'été sont surtout à craindre lorsqu'elles arrivent dans le temps de la fleur du blé dont elles occasionnent la coulure, et les blés coulés sont, à peu près, dans le même cas que les blés échaudés dont je viens de parler dans l'article précédent; les épis sont absolument vides à la pointe, ou ils ne contiennent que de petits grains presque dénués de farine, qui s'échappent par les trous du crible avec la poussière et les mauvaises graines.

XXXIX.

Cause de la coulure des blés.

On assigne plusieurs causes à l'accident dont je

viens de parler : 1° Les pluies froides et abondantes,
dans le temps de la fleur, peuvent empêcher la
fécondation, comme il arrive, en pareilles circonstances, aux raisins qui restent petits et sans
suc. On a, cependant, remarqué que les petits
grains, qui se trouvent à la pointe des épis, ne sont
pas toujours incapables de germer ; ainsi la coulure
ne dépend pas toujours du défaut de fécondation.
2° Quelques uns ont attribué la coulure à la vivacité
des éclairs ; « Ce sentiment, dit M. Duhamel, (*)
» a acquis de la probabilité depuis qu'on a reconnu
» les grands effets de l'électricité si abondamment
» répandue dans l'air, lorsque le temps est disposé
» à l'orage ; » 3° il survient quelquefois, dans le
temps où les blés épient, des gelées qui, certainement, endommagent la pointe des épis ; alors cette
partie ne pourra produire de bons grains ; 4° enfin,
si, par quelque cause que ce soit, la végétation est
dérangée ou suspendue lorsque le grain se forme,
les grains de la pointe de l'épi, qui se développent
les derniers, sont ceux qui souffriront le plus de
cet accident. C'est pour cette raison que les grains
bien cultivés sont moins sujets à la coulure que
les autres ; parce que les labours répétés, entrete-
nant toujours la végétation dans un état de vigueur,
favorisent la parfaite formation des grains dans

____

(*) Eléments d'agriculture, tome I.

toute la longueur des épis. Les fraîcheurs de l'été occasionnent aussi la nielle que les pluies abondantes qui surviennent quelquefois, avant la moisson, emportent.

XL.

Effets des chaleurs de l'été.

Lorsqu'il survient de grandes chaleurs en été, les blés sont exposés à être brûlés, ce qui les empêche de grainer. Ce sont ces chaleurs vives qui saisissent quelquefois les blés dans le temps où ils sont vigoureux, et qui les rendent petits, retraits et ridés ; on dit alors que les blés sont échaudés, c'est-à-dire, que les grains mûrissent trop tôt, et avant que d'être entièrement remplis de farine. C'est ce qui arrive aussi lorsque les blés sont versés dans le temps où les grains sont encore en lait ; le tuyau se trouvant rompu, ou simplement plié, la nourriture ne peut plus se porter à l'épi, alors les grains, qui ne reçoivent plus de subsistance, mûrissent sans se remplir de farine. MM. Duhamel et Tillet attribuent encore cette maladie à la piqûre de certains insectes qui déposent leurs œufs dans la peau extérieure de la paille. (*)

(*) Duhamel, Culture des terres. Tillet, Dissertation sur les maladies des grains.

Les blés tardifs et ceux qui ont été nourris d'humidité, sont plus sujets à cet accident que les autres. Il est dangereux que les chaleurs de l'été soient accompagnées de hâle et de sécheresse, parce que le tuyau des blés ne peut pas s'élever, et l'épi se forme à raz de terre ; mais lorsqu'une fois ils sont bien épiés, la sécheresse ne peut que leur être avantageuse, surtout pour donner de la qualité au grain. C'est particulièrement à la fin de juillet et au commencement d'août, que la chaleur et la sécheresse sont nécessaires pour procurer aux grains le degré suffisant de maturité, et pour que l'on puisse les serrer bien secs. Cette dernière circonstance est de la plus grande conséquence.

XLI.

Etat général des blés dans les années froides et humides.

On peut dire, en général, que les années humides sont plus favorables aux blés qui sont dans les terres légères, qu'à ceux qui ont été semés dans des terres fortes, parce que l'évaporation étant plus grande et plus prompte dans les premières que dans celles-ci, les inconvénients de la grande humidité y sont aussi moins redoutables.

XLII.

Dans les années humides, la paille est ordinairement belle , et la récolte quelquefois assez abondante ; mais il s'en faut de beaucoup que le grain ait la qualité qu'on lui trouve dans les annés sèches où la paille est plus courte et l'épi plus long et mieux fourni. Il est certain que la trop grande humidité empêche la sève de se raffiner, et en voici une raison bien sensible : Dans les années humides, la paille demeure toujours verte par le pied ; le grain qui ne cesse de recevoir de la nourriture, se gonfle d'eau et ne se dessèche pas ; les blés qui sont à l'abri du soleil et du vent, sont plus exposés à cet inconvénient que les autres, parce que leurs vaisseaux sont, pour ainsi dire, gorgés d'une humidité qui se corrompt, et qui engendre la pourriture, au lieu que les plantes qui sont à découvert et qui se trouvent exposées au vent et au soleil, sont soulagées par la transpiration.

XLIII.

Les grains sont plus exposés à être attaqués de la nielle dans les années humides, que dans celles qui sont sèches. Si donc l'humidité n'est pas une cause prochaine de la nielle, on peut dire au moins qu'elle est plus favorable que la sécheresse au progrès de cette maladie. Elle contribue aussi à noircir et à charbonner les blés, parce que le froid, qui accompagne ordinairement l'humidité, saisit et va même quelquefois jusqu'à geler les pointes des épis; le grain qui est gonflé d'eau, étant plus accessible aux effets de la gelée, ne peut plus mûrir et il se charbonne. Ces deux causes contribuent peut-être aussi à ergoter les seigles; l'humidité, en gonflant le grain, peut lui faire prendre un accroissement démesuré, et le froid l'empêchera de mûrir. Au reste, cette cause de l'ergot, si elle en est une, n'est pas l'unique, car M. Tillet s'est assuré que cette maladie est due principalement à la piqûre d'une espèce d'insecte qu'il a très distinctement aperçu, et qu'il a vu se changer ensuite en papillon. J'ai fait la même observation sur une certaine quantité d'ergot que j'ai conservée, pendant deux ans, renfermée sous une cloche de verre. L'ergot n'est pas une maladie particulière au seigle, elle attaque aussi le froment; j'ai trouvé, en 1769, un assez grand nombre d'épis ergotés. M. Tillet montra à l'Académie, en 1760, quelques grains d'orge aussi ergotés, et MM. les auteurs du *Journal encyclopédique* assurent en avoir trouvé aussi dans l'avoine.

XLIV.

Il est très difficile, dans les années humides, de

serrer les blés bien secs : Il arrive, le plus souvent, qu'ils sont germés sur pied. Dans ce cas, il faut avoir soin de ne faire battre d'abord les gerbes qu'à demi et sans les délier ; les entasser ensuite dans un coin de la grange, pour achever de les battre peu à peu pendant le reste de l'année ; par cette pratique on en retire le meilleur grain pour les semailles, on a toujours de la paille fraîche, et les gerbes, ainsi remuées, se dessèchent et se battent plus facilement, surtout s'il vient de fortes gelées pendant l'hiver. Il ne faut pas s'attendre, cependant, à ce que le grain acquière la même qualité que celle qu'il a dans les années sèches, car on remarque que la farine du blé gourd et humide ne boit pas autant d'eau en la pétrissant, que lorsque les années sont chaudes et les moissons sèches. Mais il est certain, au moins, que ce grain, quelqu'humide qu'il soit, et quoique déjà germé dans la grange, est bon pour les semailles, il germe très bien ; et comme il faut que les grains secs se chargent d'humidité pour germer, l'humidité des grains récoltés par un temps pluvieux, et qui fait qu'ils se gâtent dans les greniers, est favorable à leur germination. Il est vrai que les feuilles qu'ils produisent d'abord sont étroites et délicates, et que, s'il venait quelque gelée un peu forte, ils seraient dans le cas d'en souffrir considérablement ; mais c'est un risque qu'il faut nécessairement courir dans des années où l'on n'a pas d'autres grains, pour les semences, que des grains germés. C'est toujours beaucoup qu'ils puissent germer en terre une seconde fois, et donner même de bonnes productions pour peu que l'année soit favorable.

XLV.

Etat général des blés dans les années chaudes et sèches.

Quoiqu'on puisse dire, en général, que les années sèches sont favorables aux blés, il faut, cependant, convenir qu'il n'y a guère que les terres fortes qui s'accommodent de cette température ; car l'eau est absolument nécessaire dans les terres légères. Il est vrai que des années peuvent paraître très sèches, et fournir, cependant, aux grains l'humidité nécessaire pour procurer une bonne récolte ; c'est ce qui arrive lorsque les pluies sont bien distribuées, et que le ciel est souvent couvert de nuages ; les rayons du soleil n'échauffent ni ne dessèchent la terre, et alors les campagnes ont bien moins besoin de pluies pour être fécondes. Quelquefois les pluies du mois d'avril sont assez abondantes pour procurer à la terre une si grande humidité, qu'elle peut s'y conserver très longtemps, et mettre les grains en état de supporter la séche-

resse d'un été entier, surtout dans notre climat où
la terre conserve toujours assez d'humidité pour
nourrir les plantes.

XLVI.

Ce que j'ai dit des inconvénients qu'on a à redouter dans les années humides, doit faire sentir
que les années sèches sont très favorables à la qualité
du grain qui est toujours bien sec et, par conséquent, aisé à conserver. La paille n'est pas si belle,
à la vérité, que dans les années humides, elle est
plus courte, mais on est bien dédommagé par la
longueur des épis qui sont ordinairement plus fournis de grains, parce qu'ils mûrissent dans toute
leur longueur ; tandis que, dans les annés humides,
comme je l'ai observé, il arrive souvent qu'un tiers
de l'épi est perdu pour avoir été gelé par la pointe,
ou pour n'avoir pas pu mûrir faute de chaleur.
Un avantage des pailles courtes, qui est à considérer, c'est que l'épi est mieux soutenu et que les
blés sont moins sujets à verser.

ARTICLE II.

OBSERVATIONS

SUR LES MARS ET LES FOINS.

Je comprends, dans un même article, les foins
et les grains appelés *mars*, parce qu'ils se sèment
dans le mois qui porte ce nom. La température qui
convient aux uns, convient aussi aux autres, puisqu'ils font leurs productions à peu près dans le
même temps. Il ne me reste pas beaucoup d'observations à faire sur ces sortes de productions, parce
qu'une grande partie de celles qui concernent les
froments et les seigles peuvent s'appliquer aux
mars et aux foins. Je ne ferai donc ici mention
que de quelques circonstances particulières qui
forment des exceptions, par rapport à la température avantageuse ou nuisible aux plantes dont j'ai
à parler dans cet article.

I.

Temps des semailles et de la maturité.

J'ai dit, dans l'article précédent, qu'on avait essayé de semer, avant l'hiver, les grains dont il est question, savoir : les orges, les avoines et les blés de mars, et que ces grains avaient bien réussi; mais on aurait tort de se fonder sur une seule expérience pour abandonner l'ancienne pratique ; l'usage est donc de ne les semer qu'après l'hiver, et il y a apparence qu'on s'en tiendra toujours à cet usage qui a plusieurs avantages. Le premier, c'est que les travaux des laboureurs étant plus partagés, ils en sont mieux faits. Si un laboureur était obligé de labourer toutes ses terres, et de les ensemencer dans l'espace des deux mois que l'on consacre ordinairement aux semailles, il ne pourrait en venir à bout qu'en négligeant ses labours, et en ne faisant passer qu'une fois la charrue dans une terre où elle aurait dû passer plusieurs fois. Un second avantage de l'ancienne méthode, c'est que l'hiver est une espèce de repos pour les terres qu'on destine à rapporter des grains de mars. Les labours fréquents qu'on peut leur donner pendant cette saison morte, les mettent en état de profiter des influences de l'air, et d'être d'un meilleur rapport. Enfin, si l'on semait tous les grains dans la même saison, ils viendraient tous à maturité dans le même temps, et l'impossibilité où l'on serait de les récolter, tous à la fois, occasionnerait certainement une perte; car on sait que la récolte des avoines et des orges succède immédiatement à celle des froments, et il y a même des années où l'on est obligé de serrer tous ces grains en même temps, lorsque les circonstances de la température ont été plus favorables aux mars qu'aux blés.

On doit donc s'en tenir à l'ancienne pratique, qui est de semer les blés de mars, les avoines et les orges, depuis le 15 mars jusqu'au 15 avril au plus tard. Lorsqu'on voit que le printemps est humide, on ne doit pas se presser de semer les terres entre-hivernées, parce que cette humidité les pénètre, et qu'il est avantageux de semer dans une terre humide les grains levant plus promptement. Il serait, cependant, dangereux de mettre les avoines tard en terre, parce que les premières chaleurs les feraient monter en épi, avant qu'elles aient produit suffisamment de racines et de feuilles.

II.

Effets des pluies du froid et de l'humidité.

Les grains de mars et les foins ont beaucoup plus besoin d'humidité pour prospérer, que ceux qu'au sème avant l'hiver. Les pluies du mois d'avril surtout leur sont absolument nécessaires ; lorsque ce mois a été sec, on doit s'attendre à une mauvaise récolte, particulièrement en foins, car on dit ordinairement que les pluies d'avril font les foins, et les pluies de septembre font les regains. On voit cependant quelquefois manquer les foins après un mois d'avril humide ; c'est ce qui arrive lorsque les pluies du mois de mars, ayant fait pousser les herbes, il survient en avril de la neige, de la grêle et de la gelée, qui endommagent cette nouvelle herbe ; alors les racines sont obligées de fournir de nouvelles productions, ce qui occasionne un retard et en même temps un tort dont on s'aperçoit ; les herbes ne profitent point et demeurent toujours basses ; si elles sont trop nourries d'eau, elles s'élèvent beaucoup à la vérité, mais elles diminuent ensuite de plus de moitié en se desséchant.

III.

Les pluies ne sont pas moins avantageuses aux avoines, qui en ont besoin dans les terres légères où on les sème ordinairement et où elles se plaisent beaucoup, car ce grain n'a pas besoin d'une nourriture bien abondante ; l'humidité jointe à la chaleur, voilà tout ce que lui faut pour végéter ; or, les terres légères sont bien moins sujettes à être battues par les pluies, que les terres fortes, et profitent mieux, par conséquent, des influences de l'atmosphère. Il est vrai que pour peu que les chaleurs durent, l'humidité de ces terres est bientôt évaporée ; les avoines languissent alors, et il n'y a que celles qui ont été semées dans des terres fortes qui puissent résister à cette intempérie; aussi réussissent-elles mieux que celles des terres légères dans les années chaudes et sèches , et celles des terres légères, à leur tour, réussissent mieux dans les années humides. Au reste, les bonnes ou mauvaises récoltes d'avoine dépendent beaucoup du temps et des circonstances où les pluies tombent ; elles ont surtout besoin des pluies d'avril pour lever, et des pluies du mois de juin, pour épier ; si, cependant, les pluies d'avril étaient trop fréquentes et accompagnées de fraîcheurs , elles feraient *bouler* les avoines. Quoiqu'on puisse dire, en général, que les années humides leur sont plus favorables que les années sèches, si, cependant, dans une année sèche , le peu d'eau qui tombe se trouve dans les circonstances heureuses dont je viens de parler, d'abord pour les faire lever, ensuite pour les faire croître, et enfin pour les faire épier, elles rendront bien plus que dans les années humides, où les pluies ne viendraient pas dans les mêmes circonstances.

IV.

Les orges ne sont pas aussi délicates que les avoines, elles s'accommodent assez bien de toutes sortes de températures et de toutes les espèces de terrains ; je ne les ai presque jamais vu manquer dans ce pays-ci (à Montmorency), où on les sème beaucoup depuis quelques années surtout. Je crois, cependant, qu'en général l'humidité leur est plus favorable que la sécheresse.

V.

Effets de la sécheresse et de la chaleur.

Dans les années chaudes et sèches, les foins ne sont ni hauts ni épais, les sainfoins fleurissent au raz de terre, et les avoines épient aussi en sortant de terre ; quoiqu'il vienne ensuite des pluies, ils restent toujours bas, parce que les pluies ne profitent plus aux plantes qui ont commencé à monter en fleur on en épi. Mais si ces pluies viennent avant la fleur du foin, l'herbe semble alors regagner le temps perdu, elle pousse avec vigueur ; on l'a quelquefois vu croître de quatre doigts en vingt-quatre heures, et parvenir, en huit jours de temps humide, à la moitié de la hauteur qu'elle avait dans la suite. On a vu aussi des tiges de froment acquérir cinq pouces en trois jours, et des brins d'escourgeons s'alonger de six pouces dans le même temps. La sève agit alors comme un ressort que des circonstances auraient bandé et assujetti ; pour peu qu'il se sente en liberté, il se débande et s'étend avec une force prodigieuse. Les pluies d'orage, qui sont quelquefois si nuisibles aux grains, en ce qu'elles les font verser et qu'elles battent la terre, sont, au contraire, fort avantageuses aux prairies, car les herbes ne peuvent que profiter de l'humidité qu'elles leur procurent, sans craindre les deux inconvénients qui les rendent redoutables aux grains. La sécheresse est avantageuse aux foins lorsqu'ils sont en fleur, et dans le temps où il faut les faucher ; leur bonne qualité dépend beaucoup de cette circonstance. Si le temps du fauchage était pluvieux, il vaudrait mieux remettre ce travail après les pluies, parce que les foins poussent alors du pied une nouvelle herbe qui en augmente la quantité.

VI.

Je ferai remarquer, en finissant cet article, que la sécheresse a un inconvénient qui est particulier aux avoines, c'est de favoriser la multiplication d'une espèce de ver ou de chenille qui mange la moëlle de cette plante et lui fait beaucoup de tort; mais, heureusement que les pluies leur sont contraires, et que la première qui vient les fait périr.

Tout ce que j'ai dit de la température nuisible ou favorable aux mars, peut s'appliquer aux plantes légumineuses, comme pois, fèves, lentilles, etc.

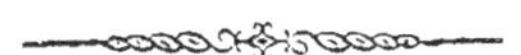

CHAPITRE III.

Des arbres fruitiers.

Parmi les arbres fruitiers, il y en a qui produisent des fruits à noyau, tels que les abricotiers, les pêchers, les pruniers, les cerisiers, etc., et d'autres qui donnent des fruits à pépins, tels sont les pommiers, les poiriers, la vigne, etc. Peut-être faudrait-il séparer les observations qu'on a faites sur ces différentes espèces d'arbres; comprendre, dans un premier article, celles qui concernent les arbres fruitiers à noyau, et parler, dans un second article, des arbres fruitiers à pépins; c'était d'abord mon dessein, mais après avoir recueilli toutes les observations faites sur les arbres fruitiers en général, j'ai reconnu que cette distinction était inutile, parce que les circonstances de température favorables ou nuisibles aux uns, le sont également aux autres; s'il y a quelques exceptions, il est aisé d'en avertir. J'ai donc cru devoir renfermer sous un même article toutes les espèces d'arbres fruitiers; je n'en excepte que la vigne, à laquelle j'ai consacré un article spécial.

Dans le détail des observations que je vais présenter au lecteur, je suivrai naturellement l'ordre des saisons, et j'indiquerai ce que la température de chacune peut produire à l'égard des arbres fruitiers.

ARTICLE I.

OBSERVATIONS

SUR LES ARBRES FRUITIERS.

I.

Effets de la température de l'hiver.

Ce que les arbres ont surtout à redouter de la température de l'hiver, ce sont, sans contredit, les gelées, et il ne faut pas croire que les gelées les plus fortes soient les plus dangereuses. On a souvent vu les arbres résister à de très grandes gelées, et souffrir beaucoup de quelques autres gelées moins vives. Ce n'est donc point dans cette température particulière qu'il faut chercher la cause des effets de la gelée sur les arbres et sur les végétaux en général, mais c'est dans les circonstances qui l'accompagnent. Cet examen était trop intéressant pour que M. Duhamel n'en fît pas l'objet de ses recherches ; aussi ne l'a-t-il pas négligé, et les observations qu'il a faites à ce sujet, conjointement avec M. de Buffon, sont l'objet d'un Mémoire curieux et utile, (*) dont je vais donner un extrait, sans cependant dispenser le lecteur d'y avoir recours, parce qu'il faudrait le transcrire en entier pour faire connaître toutes les observations intéressantes qu'il contient.

II.

Effets de la gelée.

Le froid par lui-même diminue le mouvement de la sève ; par conséquent, il peut arriver au point de l'arrêter tout à fait, et l'arbre périra ; mais le cas est rare, et communément le froid a besoin d'être aidé pour nuire beaucoup. L'eau et toute substance fort aqueuse se raréfie en se gelant ; s'il y en a qui soit contenue dans les pores intérieurs de l'arbre, elle s'étendra donc, par un certain degré de froid, et mettra nécessairement les petites parties les plus délicates de l'arbre dans une distention forcée et très considérable ; car on sait que la force de l'extension de l'eau qui se gèle est presque prodigieuse. Que le soleil survienne, il fondra brusquement tous ces petits glaçons qui reprendront

(*) Mémoires de l'Académie des Sciences, année 1737, p. 273.

leur volume naturel; mais les parties de l'arbre qu'ils avaient distendues violemment, pourront ne pas reprendre de même leur première extension ; et si, cependant, elle leur était nécessaire pour les fonctions qu'elles doivent exercer, tout l'intérieur de l'arbre serait altéré, et la végétation troublée ou même détruite, du moins en quelque partie. Il aurait fallu que l'arbre eût été dégelé doucement et par degrés, comme on dégèle des parties gelées d'animaux vivants.

III.

Les plantes résineuses sont moins sujettes à la gelée, ou en sont moins endommagées que les autres ; l'huile ne s'étend pas par le froid comme l'eau; au contraire, elle se resserre.

IV.

Un grand froid agit par lui-même sur les arbres qui contiendront le moins de ces petits glaçons intérieurs, ou n'en contiendront point du tout, si l'on veut, sur les arbres les plus exposés au soleil, et sur leurs parties les plus fortes, comme le tronc.

On voit par là quelles sont les circonstances dont un froid médiocre a besoin pour être nuisible ; il y en a surtout deux fort à craindre pour nous ;

l'une, que les arbres aient été imbibés d'eau ou d'humidité quand le froid est venu, et qu'ensuite le dégel soit brusque ; l'autre, que cela arrive dans un temps où les parties les plus tendres et les plus précieuses de l'arbre, les rejetons, les bourgeons, les fruits, commencent à se former.

V.

L'hiver de 1709 rassembla les circonstances les plus facheuses ; aussi est-on bien sûr qu'un pareil hiver ne peut être que rare. Le froid fut par lui-même extrêmement vif, mais la combinaison des gelées et des dégels fut singulièrement funeste. Après de grandes pluies, et immédiatement après, vint une gelée très forte dès son premier commen-cement, ensuite un dégel, d'un jour ou deux, très subit et très court, et aussitôt une seconde gelée très forte et longue, qui fixa tout pour jamais dans le mauvais état où elle l'avait trouvé. En effet, en 1737, MM. de Buffon et Duhamel virent beaucoup d'arbres qui se sentaient encore de l'hiver de 1709, et qui en avaient contracté des maladies ou des défauts sans remèdes : Un des plus remarquables est ce qu'ils appellent *faux aubier ;* on voyait, sous l'écorce de l'arbre, le véritable aubier ; ensuite une couche de bois parfait qui ne s'étendait pas, comme elle aurait dû, jusqu'au centre du tronc en devenant toujours plus parfaite, mais elle était suivie par

une nouvelle couche de bois imparfaite ou de faux
aubier, après quoi revenait le bois parfait qui allait
jusqu'au centre. Ces deux savants se sont assurés,
par les indices de l'âge des arbres et de leurs différentes couches, que le faux aubier était de 1709.
Ce qui était, en cette année là, le véritable aubier,
n'y put se convertir en bon bois, parce qu'il fut trop
altéré par l'excès du froid; la végétation ordinaire
fut comme arrêtée là, mais elle reprit son cours dans
les années suivantes, et passa par dessus ce mauvais
pas, de sorte que le nouvel aubier, qui recouvrit
ce faux, se convertit en bois dans son temps, et
qu'il resta, à la dernière circonférence du tronc,
celui qui devait toujours y être naturellement. On
sent bien que ce faux aubier doit rendre le bois
fort défectueux pour les grands ouvrages ; aussi
ai-je oui-dire, à plusieurs charpentiers, qu'il s'en
fallait de beaucoup que les bois qu'on employait
depuis cette époque eussent la qualité de ceux dont
on se servait auparavant. Les gelées de 1740, quoique moins vives que celles de 1709, produisirent
à peu près les mêmes désordres, parce qu'elles
furent accompagnées des mêmes circonstances. On
peut voir, dans les Mémoires de l'Académie (*), le
détail qui fait M. Duhamel des différentes espèces
d'arbres qui furent endommagées par les gelées, et
de plusieurs autres espèces qui n'en souffrirent point.

(*) Mémoires de l'Académie des Sciences, année 1741, page 155.

VI.

De ces observations, M. Duhamel a tiré, pour la pratique de l'agriculture, des règles dont je vais apporter quelques exemples.

1° Puisqu'il est si dangereux pour les plantes qu'elles soient attaquées par une gelée du printemps, lorsqu'elles sont fort remplies d'humidité, il faut avoir attention, surtout pour les plantes délicates et précieuses, telles que la vigne, à ne pas les mettre dans un terrain naturellement humide, comme le fond d'une vallée, ni à l'abri du vent du Nord, qui pourrait dissiper leur excès d'humidité, ni dans le voisinage d'autres plantes qui leur en fourniraient de nouvelle par leur transpiration ; c'est donc un usage pernicieux de planter dans des pièces de vignes différents légumes, comme des fèves, des choux, etc. On doit éviter aussi le voisinage des terres à blé, parce qu'elles communiqueraient une grande humidité à la vigne, surtout lorsqu'elle est nouvellement labourée ; les grands arbres même, dès qu'ils sont tendres à la gelée, comme les chênes, doivent être compris dans cette règle.

2° On doit donc bien se garder, par exemple, dans les jardins, de placer des plantes potagères au pied des arbres en buisson, ou le long des espaliers ; et s'il y avait dans ce jardin des hauts et des bas, il faudra toujours avoir la précaution de semer les plantes printanières et délicates sur le haut préférablement au bas.

3° Les jeunes arbres étant plus tendres à la gelée que ceux qui sont plus gros, (il ne s'agit pas ici des vieux arbres, car ceux-ci souffrent quelquefois beaucoup des grandes gelées,) si on veut élever des arbres qu'on sait être dans le cas de souffrir de la gelée, il faudra les tenir dans des serres ou à de bons abris, jusqu'à ce qu'ils soient un peu gros.

4° C'est un fait, que les arbres nouvellement plantés sont plus sujets à être endommagés de la gelée que ceux qui n'ont point été replantés depuis plusieurs années. On fera donc bien de ne planter qu'au printemps les arbres qui ne peuvent souffrir de grandes gelées.

VII.

Les arbres les plus hâtifs sont les plus exposés à la gelée, aussi bien que ceux dont le bois, n'ayant poussé qu'à la fin de l'été, n'a pas eu le temps de mûrir, ou, comme disent les jardiniers, n'est pas *aoûté*. Il faut, cependant, remarquer que la force de la sève est un obstacle à la gelée : J'ai souvent observé qu'en automne les arbres conservent d'autant plus longtemps leurs feuilles, qu'ils sont plus vigoureux, et que les gelées d'automne, même assez fortes, n'endommageaient point certains bourgeons qui avaient poussé tard et avec force. C'est, sans doute, pour cette raison, que les abricotiers et les pêchers, qui abondent plus en sève que les arbres à pépins, quittent leurs feuilles les derniers, et qu'ils les prennent les premiers.

VIII.

Quoique le passage subit du froid au chaud, ou du chaud au froid, soit ordinairement funeste aux arbres, il y a cependant des circonstances où ils ne paraissent pas en souffrir. Ainsi, on remarqua que dans le mois de janvier 1741, l'air devint aussi froid, en moins de trois jours, qu'il l'avait été en 1740 ; ce froid cessa subitement, et l'air devint fort tempéré. Une variation aussi prompte ne fit cependant aucune impression sur les végétaux : 1° parce que c'était au mois de janvier, temps où les végétaux ne sont point en sève ; 2° parce que cette gelée avait été précédée par une sécheresse. Ceci confirme la théorie de M. Duhamel, savoir : que ce n'est point la violence du froid, mais la grande durée de la gelée et les faux dégels qui nuisent aux arbres et aux plantes.

IX.

Effets de la température du printemps.

Si les gelées d'hiver, qui ont été précédées par

un temps humide, sont nuisibles aux arbres, on ne doit pas être surpris des dégâts qu'occasionnent quelquefois certaines gelées du printemps ; car, outre l'humidité qui succède ordinairement à l'hiver, les arbres commencent alors à entrer en sève ; leurs petits vaisseaux se gorgent de liqueurs dont la raréfaction, occasionnée par la gelée, peut faire perdre toutes les espérances qu'on avait déjà fondées sur la quantité de boutons qui commençaient à se développer. Ces gelées du printemps sont surtout funestes aux arbres fruitiers à noyau, parce qu'ils sont plus prompts à entrer en sève. Mais si ces gelées sont accompagnées de sécheresse, elles ne sont pas redoutables, tout ce qu'elles peuvent faire alors, c'est de ralentir le mouvement de la sève et de retarder le développement des bourgeons ; il est même avantageux que le commencement du printemps soit froid.

<h2 style="text-align:center">X.</h2>

Lorsque les arbres sont en fleurs, ils ont besoin d'une température dans laquelle il n'y ait aucun excès soit de sécheresse ou d'humidité, soit de chaleur ou de froid. Si le printemps est chaud et sec, les fleurs, qui sont altérées, se dessèchent et tombent, sans que le fruit puisse nouer ; la fleur du pommier, surtout, a besoin de pluie. Si le printemps est froid et humide, les fleurs avortent, parce que les pluies froides et abondantes emportent la poussière des étamines; le pistil, qui n'est point fécondé, est stérile, et il tombe avec les pétales et les étamines; ou bien, ces fleurs, ainsi nourries d'eau, sont exposées à être gelées et grillées ensuite par le premier rayon de soleil qui les frappe. On s'aperçoit aisément du désordre de la gelée sur les fleurs, il suffit pour cela de regarder la pointe du pistil; s'il est noir, c'est une preuve que la fleur est atteinte de la gelée. Les vents froids de cette saison brouissent aussi les feuilles des abricotiers, des pêchers et de quelques autres arbres.

XI.

Si l'on jette les yeux sur la table qui indique le temps de la fleur et de la maturité des arbres fruitiers, on verra que les fruits à noyau sont ordinairement en fleurs à la mi-mars; mais il y a des années où le temps de la floraison est très prématuré, et d'autres où il est fort retardé; cela dépend beaucoup, comme on le voit, des variations de température qui sont grandes et fréquentes au printemps. On trouvera, par exemple, dans la table, que le temps de la fleur du pêcher a varié depuis le 25 février jusqu'au 7 avril; celui de la fleur du prunier, depuis le 20 mars jusqu'au 5 mai; celui de la fleur du poirier, depuis le 15 mars jusqu'au 11 mai, et celui de la fleur du pommier, depuis le

25 mars jusqu'au 20 mai. On peut donc fixer, année commune, le temps de la floraison du pêcher à la mi-mars ; du prunier au commencement d'avril ; du poirier à la mi-avril, et du pommier à la fin du même mois. On remarquera qu'en comparant plusieurs années ensemble, il n'y a pas toujours eu, dans une même année, la même proportion dans les différences de temps entre la floraison de ces différentes espèces d'arbres ; on en devine aisément la raison.

XII.

Les froids qui surviennent, lorsque les fruits sont noués et qu'ils commencent à grossir, ne les empêchent pas de grossir davantage et de parvenir même à maturité ; seulement, ils les empêchent de croître jusqu'à leur grosseur naturelle. En 1719 , le P. Feuillée, étant à Marseille, cueillit, le 18 décembre, des cerises et des pommes parfaitement mûres. Ces arbres avaient fleuri dans le mois d'octobre ; le fruit avait noué et avait été arrêté par les froids qui étaient venus en décembre ; la même chose arriva dans toute l'Italie.

XIII.

Effets de la température de l'été.

Les étés trop secs font tomber les fruits, faute

de nourriture ; cet effet a quelquefois eu lieu même dans des étés humides. C'est ce qui arrive lorsque l'hiver a été trop sec, parce qu'il n'y a guère que les pluies d'hiver, et surtout la neige, qui puissent pénétrer la terre et parvenir jusqu'aux racines des arbres pour leur procurer une humidité qu'elles conservent très longtemps. Si, dans des étés secs, les rosées sont abondantes et les brouillards fréquents, les arbres ne souffrent pas de la sécheresse ou de la disette de pluie, parce qu'ils s'imbibent, par leurs feuilles, de cette humidité qui leur sert de nourriture.

XIV.

Il survient quelquefois, dans l'été, des vents secs qui altèrent beaucoup les arbres, parce qu'ils enlèvent aux feuilles beaucoup plus d'humidité que les racines ne peuvent leur en fournir ; ils empêchent, d'ailleurs, la rosée de tomber ; la végétation est suspendue, et il lui faut un certain temps pour se rétablir, ce qui retarde la maturité du fruit ; les froids du mois d'août la retardent aussi beaucoup.

XV.

Effets de la température de l'automne.

C'est ici le lieu de parler du temps de la maturité des différentes espèces de fruits. Je n'ai compris, dans la table citée plus haut, que les abricots et les cerises ; je n'aurais pu indiquer le temps de la maturité des autres fruits à noyau et des fruits à pépins, sans entrer dans le détail de toutes les espèces qui mûrissent dans des temps fort différents, et ce détail aurait été trop long et étranger, d'ailleurs, à mon plan. Le temps de la maturité est ordinairement avancé ou retardé, selon que celui de la fleur a été plus hâtif ou plus tardif; ainsi on ne sera pas étonné de voir qu'il y ait quelquefois six semaines de différence entre le temps de la maturité des abricots ou des cerises, dans une année, avec celui de la maturité d'une autre année. On voit, par exemple, dans la table, que le temps de la maturité des abricots a varié depuis le 25 juin jusqu'au 9 août, le temps moyen doit être fixé à la fin de juillet; à l'égard des cerises, le temps de la maturité a varié depuis le 24 mai jusqu'au 3 juillet; le temps moyen de la maturité de ce fruit est la mi-juin.

XVI.

Rapport de la température avec la chûte des feuilles.

L'automne est quelquefois si doux, surtout depuis quelques années, qu'il n'est pas rare de voir encore, à la fin de novembre, des arbres garnis de leurs feuilles ; ils étaient tels, en 1741, à la fin même de décembre, parce que l'automne avait été extrêmement doux. Cela n'arrive pas toujours, cependant, dans les automnes aussi doux que celui de 1741. On remarqua que les feuilles qui conservèrent leur verdure, dans cette année, étaient celles qui avaient poussé à la fin de septembre ; or, il est très rare que les arbres fassent alors des productions.

XVII.

Les arbres qui sont en sève résistent plus aux petites gelées d'automne, que ceux qui ont perdu leur sève ; leurs feuilles, qui sont plus fermes et plus vigoureuses, résistent mieux aussi à la gelée, car ce ne sont pas les fraîcheurs ni les gelées d'automne qui sont les principales causes de la chûte des feuilles. Il y a des arbres que les pluies d'automne font rentrer en sève, et qui conservent leurs feuilles jusqu'à la fin de décembre. Une preuve que la gelée ne contribue pas beaucoup à la chûte des feuilles, c'est que les arbres quittent leurs feuilles dans les serres chaudes où ils ne ressentent ni les fraîcheurs ni les gelées. Cela dépend donc du plus ou moins de vigueur dans la sève ; car on remarque que les vieux arbres quittent plus tôt leurs feuilles, que les jeunes, et que, lorsqu'à un été sec, il succède un automne humide, les arbres conservent plus longtemps leurs feuilles.

XVIII.

Rapport de la température avec la conservation des fruits.

Je dirai un mot, en finissant cet article, du rapport de la température avec la conservation des fruits. Il est certain que les années humides ne lui sont point du tout favorables ; il en est de même des étés très chauds, où les fruits ont acquis un trop grand degré de maturité ; leurs sucs extrêmement raffinés fermentent avec les acides, et le fruit se corrompt très promptement. Lorsque les fruits sont dans la fruiterie, on doit être bien plus attentif à les préserver de l'humidité que de la gelée. M. Duhamel rapporte qu'en 1740 on avait oublié une quantité de pommes assez considérable dans un grenier où elles n'étaient en aucune façon à l'abri de la gelée ; il n'est pas douteux qu'elles avaient été près de deux mois dures comme des pierres et gelées jusqu'au cœur ; cependant, à la Pentecôte, elles étaient aussi belles et aussi saines que celles qu'on avait conservées avec beaucoup de soin dans la fruiterie. M. Duhamel observe que ces pommes étaient d'une espèce qui a toujours un goût de sauvageon, et qui se garde très longtemps ; peut-être la reinette et d'autres espèces de pommes plus délicates auraient-elles été plus endommagées par la gelée.

ARTICLE II.

OBSERVATIONS

SUR LA VIGNE.

I.

Effets de la gelée d'hiver.

En considérant les effets que la gelée peut produire sur la vigne, il faut bien distinguer les différentes saisons où elle a lieu et les circonstances qui l'accompagnent ; car, comme je l'ai remarqué en parlant des arbres fruitiers, la gelée est moins à craindre en elle-même, que dans ses circonstances. Ainsi la gelée est très funeste à la vigne lorsqu'elle succède à des brouillards, ou même à une pluie quelque petite qu'elle soit ; et, au contraire, elle supporte des froids très considérables, sans en être endommagée, lorsqu'il y a quelque temps qu'il a plu et que la terre est fort sèche. Les jeunes vignes, aussi bien que les vignes vieilles, sont plus sujettes à la gelée que celles d'un âge moyen. Une vigne nou vellement fumée y est aussi plus exposée, à cause de l'humidité qui s'échappe des fumiers ; un sillon de vigne, qui est le long d'un champ de sainfoin, de pois, etc., est souvent tout perdu par la gelée, lorsque le reste de la vigne est très sain, ce que l'on doit attribuer à la transpiration du sainfoin ou des autres plantes, qui porte une humidité sur les bourgeons de la vigne. On remarque que les verges, sont toujours moins endommagées que la souche, surtout quand, n'étant pas attachées à l'échalas, elles sont agitées par le vent qui ne tarde pas à les dessécher ; c'est pour cela aussi que la gelée ne fait point de tort à la vigne, lorsqu'elle a été précédée par un vent qui en a dissipé l'humidité. J'ai souvent entendu se récrier sur la beauté de certaines vignes qui appartenaient à de pauvres vignerons hors d'état de les entretenir d'échalas, tandis que des vignes voisines, où on n'avait rien épargné, étaient toutes gâtées par la gelée ; cela ne viendrait-il pas précisément de ce que ces premières étaient sans échalas, et plus exposées, par là, à l'action du vent qui en dissipait plus facilement l'humidité ? J'avoue que les pampres de ces vignes étant plus inclinés vers la terre, faute d'échalas, contractent une plus grande humidité, mais cela n'arrive que tard, et lorsque la gelée n'est presque plus à craindre pour la vigne : on ne doit donc pas se presser de lier la vigne.

II.

Il y a des circonstances où la gelée endommage
la vigne dans un temps fort sec. Cet effet a lieu
lorsque la gelée devient si forte pour la saison,
qu'elle peut l'endommager indépendamment de
l'humidité extérieure ; et, dans ce cas, c'est à
l'exposition du Nord qu'elle cause plus de dommage;
au lieu que dans les temps humides cette exposition est plus favorable, parce que le vent, qui souffle
de ce côté là, la dessèche plus promptement. Il est
aisé de connaître si le bois de la vigne est gelé ;
il suffit, pour cela, de couper un sarment ; si la
moëlle est noire au lieu d'être verte, c'est une
preuve que le bois est gelé, parce que vraisem-
blablement il n'a pas été bien aoûté. Les vignerons
connaissent aussi, par expérience, dès le temps de
la taille, s'ils peuvent espérer une récolte abondante ; car on a remarqué que si, dans ce temps,
le bois est dur, on peut compter sur une bonne
vendange ; si, au contraire, la moëlle est abondante
et les boutons petits, la vigne ne sera pas riche
en grappes. On pense bien que le chapitre des inconvénients doit modifier considérablement ce pronostic.

III.

Les conséquences qu'on doit tirer, pour la pratique, de toutes ces observations à l'égard des gelées d'hiver, c'est : 1° d'arracher tous les grands arbres qui environnent les vignes et qui empêchent le vent de dissiper les brouillards ; 2° de ne pas labourer les vignes dans des temps critiques et à la veille des gelées ; 3° de ne point semer, sur les sillons de vignes, des plantes potagères qui, par leur transpiration, nuiraient à la vigne ; 4° de ne mettre les échalas aux vignes que le plus tard qu'on pourra; 5° de tenir les haies qui bordent les vignes du côté du Nord, plus basses que de tout autre côté ; 6° d'amender les vignes avec des terreaux plutôt que de les fumer ; 7° si on est à portée de choisir un terrain, on évitera ceux qui sont dans les fonds, ou dans des terrains qui transpirent beaucoup.

IV.

Gelées du printemps et de l'automne.

Outre ces observations, il nous en reste encore quelques-unes à faire sur les gelées du printemps et de l'automne. Les gelées du printemps, et surtout celles qui arrivent quelquefois pendant les nuits du mois de mai, et lorsque la vigne est en fleur, lui sont fatales, principalement lorsque le lever du soleil est serein, et qu'il n'a pas été précédé par un vent qui aurait pu dissiper l'humidité. Si ces gelées viennent après une longue sécheresse, elles ne sont point à craindre. Il en est de même si elles arrivent dans le temps où les feuilles sont déjà assez larges pour former un abri. Une vigne gelée au printemps a encore des ressources pour fournir une récolte médiocre ; car on sait que sur les sarments il y a toujours deux boutons à côté l'un de l'autre. Un de ces boutons, qui est plus gros et qui fournit le plus gros raisin, s'appelle maître-bouton ; c'est celui qui est plus exposé aux gelées du printemps, parce qu'il est plus en sève. L'autre plus petit, et qui souvent ne s'ouvre que quand le maître-bouton pousse vigoureusement, s'appelle contre-bouton ou contre-cosson ; celui-ci, plus tardif, échappe souvent à la gelée, mais rarement il produit de belles grappes.

V.

Il arrive souvent des gelées en octobre, et avant que le raisin soit mûr. Plusieurs prétendent qu'il vaut mieux alors attendre la fin de la gelée pour vendanger ; mais l'expérience prouve qu'il est plus avantageux de vendanger pendant la gelée, car on attendrait vainement à le faire quinze jours ou trois semaines ; il est bien certain que le raisin n'ac-querra pas un plus grand degré de maturité, il ne fera, au contraire, que se dessécher, ce qui occa-

sionnerait un déchet sur la récolte. Il y a, à la
vérité, des circonstances où les gelées, même assez
fortes, qui viennent quelquefois en septembre, ne
dépouillent point les vignes et ne fanent ni ne pour-
rissent point le raisin, tandis que, dans d'autres circonstances, des gelées moins fortes produisent de
très mauvais effets ; cela dépend de l'état de vigueur
où se trouve la sève dans le temps où ces gelées
arrivent ; car, si la sève a encore de la force, elle
sera bien plus en état de résister à la gelée qui,
dans une circonstance moins favorable, pourrait
l'endommager considérablement.

VI.

Effets de l'humidité et du froid.

Lorsque la vigne a échappé aux intempéries de
l'hiver et du commencement du printemps, il s'en
faut de beaucoup qu'elle soit hors de danger. Les
temps froids et humides, qui viennent quelquefois
dans la saison où elle est en fleur, peuvent détruire
toutes les espérances qu'on avait conçues au mois
de mai, en voyant la quantité de grappes dont elle
était chargée. Dans cette circonstance fâcheuse, la
fleur coule, et on sait qu'il n'y a plus de remède
à ce malheur ; c'est ce qui a fait tant de tort à la
vigne depuis quelques années, et ce qui a tellement

fait manquer les récoltes, qu'à peine trouve-t-on du vin aujourd'hui pour de l'argent. Ce sont donc les froids et les pluies abondantes qui font couler la fleur de la vigne, et il y a des années où la séche-resse produit aussi le même effet. On a remarqué que la coulure de la fleur du sureau annonçait assez ordinairement la coulure de la fleur de la vigne.

VII.

Dans les années froides et humides, le raisin ne parvient que très difficilement à maturité, car il ne mûrit pas tant que la vigne est en sève ; or, elle reste en sève lorsque les racines, étant dans une terre humide, continuent toujours à fournir de la nourriture aux souches, les ceps poussent, sont chargés de feuilles, et donnent au raisin un ombrage qui arrête l'action du soleil et les empêche de mûrir. Il arrive quelquefois que ces feuilles, qui ont été trop nourries d'eau, grillent au soleil. Le froid et le hâle produisent aussi le même effet et empêchent le verjus de grossir. Si les pluies sont nécessaires, c'est au mois d'août ou au commence-ment de septembre ; elles sont admirables alors pour faire grossir le verjus. Les brouillards, qui sont communs dans les années humides, nuisent à la vigne, non-seulement en lui procurant une trop grande humidité, mais encore en favorisant la multiplication d'une certaine espèce de vers qui coupent les grappes de verjus; elles ont encore à redouter un autre insecte appelé *Gribouri*, qui s'attaque au verjus même et en fend les grains. Enfin les années humides nuisent beaucoup à la qualité du vin, car si la vendange a été précédée de beaucoup de pluie, et qu'on soit obligé de couper le raisin avant que le soleil ait pu raffiner le suc aqueux dont il est rempli, il s'en faut de beaucoup qu'il soit aussi sucré que dans les bonnes années. On s'en aperçoit bien aussi à la difficulté qu'il éprouve à s'échauffer et à bouillir dans la cuve. Il ne répand point une odeur forte et ne jette pas une écume rouge comme dans les années où il a acquis le degré de maturité convenable.

VIII.

Effets de la sécheresse et de la chaleur.

La température la plus favorable à la vigne est donc la sécheresse et la chaleur; c'est surtout dans le temps de la fleur qui, pour bien faire, ne doit durer que huit jours, et quelque temps avant les vendanges, que la sécheresse et la chaleur sont nécessaires, c'est-à-dire dans les mois de juin et de septembre; aussi, est-il passé en proverbe, que c'est le mois de septembre qui fait le vin, c'est-à-dire qui lui donne la qualité, comme la température

modérée du mois de juin contribue à la quantité.
Il est vrai que si le mois de septembre était en
même temps chaud et très sec, la quantité de vin
diminuerait beaucoup, et il ne serait point de garde,
à cause de la trop grande maturité du raisin, car le
vin un peu vert se conserve mieux et plus longtemps,
il n'est point sujet à tourner à la graisse dans les
chaleurs. Il peut encore arriver que des années
chaudes et sèches, en un mot, des années favorables
et qui promettent beaucoup, soient cependant très
tardives, et ne permettent pas au raisin de mûrir,
à cause d'un orage accompagné de grêle, qui sera
survenu. Cette grêle ne fera par elle-même aucun
tort à la vigne, si elle tombe avec la pluie ; mais
elle refroidit l'air et suspend la végétation pendant
des temps quelquefois considérables, et dans des
circonstances où la vigne en a le plus besoin ;
l'année est donc tardive, et l'on sait que dans les
années tardives, le vin a ordinairement moins de
qualité que dans les années hâtives.

IX.

Temps des pleurs, de la fleur et de la maturité.

Je terminerai cet article en marquant le temps
des pleurs de la vigne, de la fleur et de la maturité
du raisin. Je n'ai tenu compte, dans la table, que
du temps de la maturité, pour ne pas jeter trop de

confusion dans cette partie de mon ouvrage, dont l'ordre, la clarté et la précision doivent faire tout le mérite.

La table particulière que j'avais dressée, du temps des pleurs et de la fleur de la vigne, m'a appris que les pleurs les plus hâtives avaient eu lieu le 9 février, et les plus tardives le 25 avril ; ainsi le temps moyen des pleurs doit être fixé à la mi-mars.

A l'égard du temps de la fleur, elle s'est développée au plus tôt le 8 juin, et au plus tard le 6 juillet; le temps où la vigne fleurit ordinairement est donc la fin de juin.

Enfin la récolte le plus prématurée s'est faite le 15 septembre, et la plus tardive s'est faite le 15 octobre; le temps moyen de la vendange est donc la fin de septembre ou le commencement d'octobre.

LIVRE III.

VUES GÉNÉRALES

SUR LE MOUVEMENT HABITUEL DES COURS

OU

ESSAI DU SYSTÈME

DE LA LOI DES FAITS DU COMMERCE AGRICOLE,

Par J.-B. DUCROTOY.

L'ÉGIDE

DU MONDE AGRICOLE

LIVRE III.

VUES GÉNÉRALES

SUR LE MOUVEMENT HABITUEL DES COURS

OU ESSAI DU SYSTÈME

DE LA

LOI DES FAITS DU COMMERCE AGRICOLE,

Par J.-B. DUCROTOY.

I

Utilité du Système de la loi des faits du Commerce agricole.

Les marchés à terme sont un véritable choléra qui désole incessamment toutes les classes de la société. Il n'est pas de jour qui ne soit marqué par quelque catastrophe causée uniquement par ce dévergondage de paris insensés.

La loi pénale les punit.

La loi civile les réprouve.

La jurisprudence de la Cour royale les annulle.

Souvenirs de M. Berryer, doyen des avocats de Paris.

« Il est vrai que la jurisprudence du Tribunal de
commerce s'est montrée tolérante sur le mode d'entor-
tillage imaginé pour masquer les paris. La Cour
royale, inflexible, a saisi toutes les occasions de répri-
mer le mal ; ses arrêts ont proscrit, sans pitié, tout
ce qui ressentait le marché à terme indistinctement,
même les obligations de solde qui indiquaient cette
origine. (*Le même ouvrage*).

I.

L'existence des lois économiques dans le monde
social étant depuis longtemps démontrée, la science
ne doit-elle pas admettre également, comme une
vérité incontestable, celle de la loi des faits du
commerce agricole ? Tout ici bas n'est-il pas soumis
à des lois ? Il est donc, pour moi, de la dernière
évidence, que les lois de ce système naissant doivent obéir au même principe que celui qui régit les
systèmes plus positifs, les plus anciens et les mieux
reconnus, comme la courbe décrite par une simple
molécule d'air ou de vapeur est réglée d'une manière aussi certaine que les orbites planétaires.

Pour arriver à la découverte de ces lois qui ré-
gissent les phénomènes économiques des variations
dans les cours, il faut, non seulement réunir un
grand nombre d'observations, mais il est encore
nécessaire de les combiner avec art, de sorte que
les principales évolutions de la loi des faits du
commerce agricole soient dégagées de toutes les
perturbations accidentelles.

Coordonner les lois et les faits les mieux constatés, en présenter l'ensemble , tel est le but que je me suis proposé, et vers lequel j'ai pris l'initiative d'appeler l'attention du monde agricole.

Il existe peu de documents propres à me guider dans cette matière ; presque tout est donc à créer. Il a, par conséquent, fallu se livrer à de nombreuses recherches pour tâcher d'arriver à la connaissance de ces vues générales sur le mouvement habituel des cours. J'ai été amené ainsi à entrevoir les éléments d'une science nouvelle, basée sur l'observation des faits du commerce agricole , et, l'un des premiers, je crois être parvenu à découvrir, dans ce vaste champ d'expériences, quelques combinaisons utiles, pour servir de point de départ à d'autres lois économiques plus positives.

Quel immense bienfait pour l'humanité, si l'on parvient à établir enfin des données certaines sur un sujet aussi important? On aura résolu un problème dont la solution est vainement cherchée depuis des siècles , pour adoucir, dans les cours, ces déplorables variations qui désespèrent alternativement le producteur et le consommateur. Des règles posées avec sagesse initieront alors le public à la connaissance commune des prévisions les plus rationnelles, des combinaisons les mieux fondées, que des spéculateurs instruits et riches possèdent et cachent avec le plus grand soin , comme une sorte de monopole dont ils s'arrogent les bénéfices. Les cours conserveront une marche plus normale, plus régulière, désormais à l'abri de ces oscillations insolites qui portent la perturbation dans les branches les plus essentielles de la richesse nationale, et le négociant honnête, mieux éclairé, sera bien moins exposé à compromettre sa fortune dans les vicissitudes des marchés à terme, qui ne devraient, d'ailleurs, jamais porter sur des objets nécessaires à l'alimentation publique.

II.

Il est manifeste que plus les fluctuations dans les cours sont extrêmes, plus les affaires de jeu acquièrent d'activité. C'est là qu'existe la plus grande partie du mal. Il est temps de songer, enfin, à mettre en pratique les moyens nécessaires pour en atténuer les fatales conséquences. En face de malheurs aussi certains, causés par ce honteux agiotage sur les grains et farines, que l'on considère comme le vol organisé, n'est-il pas juste et humain d'appeler l'attention publique sur les moyens qui sont indispensables pour parvenir à diminuer le trafic de ces opérations fictives et illicites, si souvent désastreuses?

Il est donc de la plus haute importance de soumettre au gouvernement actuel, dont les tendances ont toujours été si progressives dans l'intérêt du pays, le projet de fonder une société spéciale, chargée d'établir la véritable situation des récoltes et de scruter les secrets du mouvement habituel des cours, pour en saisir les principales combinaisons. Une fois cette société en voie de recherches, tous les organes de la presse agricole feront connaître, au fur et à mesure, les résultats obtenus. De cette manière, on arrivera sûrement et facilement à prévoir et à prévenir les grands écarts de hausse ou de baisse future, dont les effets se font sentir périodiquement et presque toujours aux mêmes époques.

Il n'y a pas à s'y méprendre, tout progrès réalisé dans cette voie produira un effet immédiat au profit du bien-être des masses ; le plus grand essor de la spéculation aventureuse sera entravé ; les hommes de bon sens s'abstiendront de toute opération contraire à l'opinion commune, et la société ne sera plus exposée à voir, aussi souvent, éclater dans son sein ces catastrophes commerciales si calamiteuses.

J'ai la ferme conviction que la connaissance générale de la véritable situation agricole et des principales combinaisons de la loi des faits, atténuera infailliblement les variations excessives dans les cours et les funestes effets du jeu dans la spéculation sur les denrées alimentaires. Voilà le criterium d'un nouveau système économique et humanitaire que je crois appelé à rendre les plus grands services à la société ; voilà le principe dont je réclame l'application dans l'intérêt du bien-être général, pour parvenir à posséder un jour, dans toute sa plénitude, la science de la loi des faits du commerce agricole, qui sera, alors, une nouvelle sauvegarde de plus pour la propriété, la morale et la civilisation.

II.

Causes principales de la hausse.

Ce qui importe surtout au commerce intérieur, c'est moins encore le taux que la stabilité du prix. En effet, tout se réglant sur la valeur des céréales, le taux nominal du blé devient à la longue une chose indifférente en soi ; mais la transition brusque de l'avilissement à la cherté, ruine le commerce, parce qu'il rend incertaines les bases mêmes de la production. La première partie du problème est donc la plus urgente : garantir le commerce contre les fluctuations extrêmes du prix des céréales.

BRIAUNE. *Des crises commerciales.*

I.

Les causes principales de la hausse sont les suivantes :

Le déficit et la mauvaise qualité de la récolte des blés, soit en France, soit dans les pays limitrophes de quelque importance ;

Le faible approvisionnement des marchés ;

La grande sécheresse et les grandes pluies à l'époque des semailles ;

Un hiver trop rigoureux et sans neige ;

La guerre,

Les effets résultant de ces causes sont le plus souvent aggravés ou atténués par l'exportation ou l'importation des grains, ou bien encore par l'importance des réserves et l'excédant des récoltes précédentes

Les années 1817 et 1820 en offrent deux exemples frappants.

En 1817, la récolte s'était élevée à 48 millions d'hectolitres de blé, qui, à 42 fr. 50 l'hectolitre, produisirent 2 milliards 40 millions de francs.

En 1820, la récolte était de 44 millions 1|2 d'hectolitres, valant 20 fr., et produisant seulement 890 millions.

La déplorable saison pluvieuse de 1816 avait légué un énorme déficit à 1817, tandis que la récolte abondante de 1819 avait laissé un excédant considérable, profitable à 1820.

Ces faits expliquent donc clairement le prix élevé de 1817 et les bas cours de 1820, quoique ces deux années présentassent à peu près le même chiffre de production.

II.

Les règlements administratifs, les mesures prises avec trop de précipitation, alarment les populations et amènent presque toujours de la hausse. On se souvient avec effroi de l'année 1812. Des recensements faits chez les fermiers, pour découvrir les quantités de grains en magasins, jetèrent l'épouvante dans les esprits. On crut que les blés suffiraient à peine à trois mois de consommation, tandis qu'il y en avait encore pour six mois et même davantage.

Cette denrée indispensable excite, plus que toute autre, l'avidité des spéculateurs, qui ont presque toujours intérêt à faire circuler des nouvelles mensongères et contradictoires. Il est donc à désirer que le gouvernement, dont les inspirations sont toujours si heureuses, prenne l'initiative d'instituer au plus tôt une société composée d'hommes supérieurs, à laquelle il confierait la noble mission d'éclairer l'opinion publique sur la véritable situation agricole et commerciale. Cette sage institution, sous le régime de la liberté du commerce des grains, neutraliserait les funestes effets que produisent toujours les grandes opérations à terme et leurs habiles manœuvres.

Cette grande et noble institution serait destinée à veiller incessamment sur les intérêts de la fortune agricole en France ; son organisation serait un nouveau titre de gloire à joindre au grand nombre de ceux que notre illustre et sage souverain s'est déjà acquis avec tant d'éclat, de succès et de bonheur, dans les mémorables événements d'un règne si grand et si prospère !

III.

Les changements de température amènent brusquement au printemps des transformations très sensibles dans l'aspect des récoltes en terre ; ces revirements donnent quelquefois lieu à des craintes chimériques contre lesquelles il serait important de prévenir le public. On ne saurait méconnaître l'immense avantage qu'on obtiendrait pour le bonheur de l'humanité, si la presse agricole donnait désormais de plus justes appréciations des récoltes en terre, pour faire cesser ces plaintes, souvent mensongères et presque toujours intéressées. On atténuerait ainsi ces grandes variations dans les prix, qui se produisent trop souvent à cette époque de l'année, et qui sont, en définitive, nuisibles, non seulement au cultivateur, au négociant, mais surtout au consommateur.

Pour démontrer combien ces craintes sont parfois chimériques et puériles, jetons un coup-d'œil sur l'année 1860. Au mois d'avril, les jeunes blés étaient chétifs ; de là, plaintes nombreuses, et par suite, hausse ; en mai, la végétation était luxuriante, et la baisse reprit le dessus. Au commencement de juin, les apparences laissèrent de nouveau à désirer, et la hausse ne tarda pas à se reproduire ; A la fin du même mois, la récolte s'annonçait de rechef sous de bons auspices, ce qui donna encore lieu à une baisse un peu trop rapide.

L'année 1844 avait présenté les mêmes vicissitudes, et cependant les récoltes, quoique tardives, ont été bonnes pendant ces deux saisons.

Que de plaintes n'avons-nous pas encore entendues en avril 1861 ! On pensait alors devoir sagement retourner certains blés dont la venue paraissait impossible, et en juillet, ils étaient redevenus de toute beauté.

Pourquoi l'opinion n'attend-elle pas avec plus de calme la venue de la moisson ? La Providence, dans sa bonté tutélaire, n'a-t-elle pas donné à la principale nourriture de l'homme la force nécessaire pour résister aux intempéries ?

IV.

Pendant l'été, les cours sont presque toujours plus élevés qu'en hiver, par suite de la diminution des approvisionnements. Pour tirer un meilleur parti de la marchandise, les détenteurs se plaignent alors bien haut du dégarnissement de leurs greniers, de l'aspect peu satisfaisant des blés en terre, etc.; ce qui donne lieu naturellement à plus de demandes par les nombreux acheteurs que ces divers bruits attirent sur les marchés.

Une autre cause très sérieuse de la diminution des approvisionnements se joint encore à celle que je viens d'indiquer. Je veux parler de l'accroissement de la consommation des substances alimentaires à l'époque du travail des champs.

Un proverbe espagnol dit avec vérité :

« Tiens-toi debout et tu mangeras plus que trois.»

M. Briaune a dit aussi :

« Comme le vigneron travaille au grand air, il
« lui faut plus de pain, quoiqu'il use de petits vins. »

V.

La demande des blés de semence et la rareté
des farines, à la fin des moissons, produisent également de la hausse en septembre, dans les années
de récolte médiocre et insuffisante.

On voit quelquefois, avec étonnement, la hausse
des farines arriver en hiver, malgré la baisse des
blés ; cette hausse doit être attribuée au froid intense
qui arrête la fermentation de la pâte. Dans cette
circonstance, un grand nombre de familles préfèrent
s'approvisionner chez le boulanger dont le four est
continuellement chauffé, plutôt que de s'exposer à
faire du mauvais pain dans leur habitation ; la
boulangerie, alors poussée par de pressantes demandes, se livre à des achats précipités de farines et
ramène la hausse. Il est vrai que cette hausse accidentelle disparaît bien vîte sous l'influence d'une
température plus douce.

VI.

Pendant les époques de hausse, le remède est heureusement à côté du mal, en faisant apporter plus d'économie dans la consommation des substances alimentaires.

De tous les côtés on fait des réserves particulières ; les classes laborieuses consomment moins de blé, car elles le mélangent avec des menus grains qui sont bien moins délaissés que dans les temps ordinaires ; les familles aisées s'imposent aussi des privations ; ces économies atténuent le mal et constituent une sauvegarde naturelle pour l'alimentation publique, qui donne les moyens d'attendre, avec moins de difficulté, la récolte suivante.

Dans cette circonstance, les ensemencements en blés prennent une plus grande extension et viennent forcer le rétablissement de l'équilibre par le retour de récoltes plus abondantes.

La Providence, qui préside à nos destinées, a réglé le cours des récoltes avec tant de sagesse, qu'elles ont été et seront toujours, les unes dans les autres, suffisantes à nos besoins.

Un fait digne de fixer l'attention du commerce agricole, c'est qu'il n'y a pas d'exemple que les saisons aient également maltraité, dans la même année, tous les pays producteurs de céréales, et

aujourd'hui que les communications sont rapides et
sûres dans le monde entier, et qu'elles tendent à
se multiplier encore, les disettes sont impossibles.
Une longue expérience prouve qu'en fait de récoltes,
ce que le ciel retire à l'une des parties du monde,
il le donne en excédant à une autre.

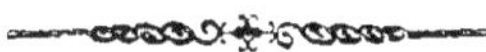

III.

Causes principales de la baisse.

Ainsi se manifeste heureusement cette loi génerale d'action et de réaction, en vertu de laquelle le même fait est alternativement un effet et une cause.

MICHEL CHEVALIER. *Discours prononcé à Dublin,* en 1864.

Parmi les remèdes qu'on pourrait imaginer contre la disette, aucun ne saurait être aussi efficace que l'élévation même des prix du blé. C'est une vérité incontestable, quoique souvent méconnue, que ce n'est pas dans la cherté que consista le mal, mais dans la rareté des grains, et que la cherté n'en est même qu'un symptôme rassurant.

ROSCHER, *du Commerce des grains.* (Traduction de M. Block.)

I.

La baisse arrive inévitablement sous l'influence des causes suivantes :

La marche normale et favorable de la température aux époques de la végétation, de la floraison et de la maturation des blés ;

Les produits abondants et de qualité supérieure ;

Les crises commerciales ou financières que la

hausse excessive du prix des grains ne manque jamais de produire, et qui ramènent bientôt et invariablement la baisse , suivant l'axiome de cette loi universelle : Après l'action, la réaction ;

Le fort approvisionnement des halles ;

L'excédant des récoltes précédentes.

Dans toutes les prévisions et appréciations , il est avantageux d'avoir toujours présent à l'esprit la vérité de ce fait, que lorsque l'année a été sèche, toutes les productions alimentaires possèdent des forces nutritives d'une énergie exceptionnelle, qui permettent de nourrir la population avec beaucoup moins de blé que dans une année humide.

Il ne faut pas oublier de considérer aussi, dans toute combinaison, si les marchés sont bien ou mal garnis dans le rayon de Paris, à vingt ou trente lieues. Ce rayon influe considérablement sur les cours : Paris est le cœur de la France ; tout s'y porte et s'y concentre, et c'est de là que se répand, sous toutes les formes, la majeure partie de tout ce qui est nécessaire à la vie de la grande nation.

II.

Les arrivages des farines d'Amérique à Londres, et des blés de Russie à Marseille, causent une plus ou moins grande influence sur les cours, suivant qu'ils sont plus ou moins considérables ; mais il n'en est pas de même pour les importations provenant de l'Egypte, de la Sicile, de l'Algérie et de l'Espagne, qu'on doit considérer comme de simples appoints, incapables de produire des oscillations sensibles.

Dans l'intérêt de l'humanité, et surtout des classes peu aisées et souffrantes, il est consolant de penser que ees importations ne sont pas continuellement nécessaires, car l'histoire du passé prouve surabondamment que les bonnes années sont plus nombreuses que les mauvaises.

III.

La baisse, qui a presque toujours lieu dans les quatre premiers mois de l'année, doit être attribuée aux travaux et aux besoins impérieux des paiements de cette époque.

C'est alors qu'un battage actif se produit partout. Jour et nuit les moulins sont en mouvement, et le cultivateur, le meunier et le commerçant ne peuvent plus ajourner le paiement de leurs impôts et fermages.

Dans cette situation, la nécessité crée la concurrence ; les offres dépassent la demande, ce qui entraîne nécessairement la baisse. Aux époques d'abondance, la baisse arrive facilement, et dans le cas même d'un déficit, l'importation ayant lieu sur une large échelle, les cours s'affaiblissent encore, malgré les prévisions quelquefois contraires de certains spéculateurs. Les quatre millions d'hectolitres de blés importés pendant les deux mois de septembre et d'octobre 1861 ont fait plus d'effet que vingt millions d'hectolitres dans les greniers de la culture. Cela s'explique : ces blés se trouvaient dans les mains de commerçants qui avaient de bonnes raisons pour s'en défaire au plus vite ; les cultivateurs mettent douze mois à vendre la récolte d'une année.

IV.

On peut aussi adopter, comme règle générale et comme un fait positif, que si, à l'époque des paiements des fermages de la fin de l'année, les blés ne baissent pas, ils ne baisseront pas plus tard, surtout quand les excédants des années précédentes ont disparu.

Mais lorsque les détenteurs ont fait des approvisionnements pendant l'hiver, sans des motifs plausibles ; que les exportations sont arrêtées, et que les jeunes blés en terre se présentent sous un aspect satisfaisant, on doit s'attendre, avec une certaine confiance, à voir les greniers s'ouvrir pendant les mois de mars et d'avril.

IV.

Loi des faits du Commerce agricole.

> La difficulté d'acquérir, sur les faits d'économie générale, une certitude suffisante, les erreurs graves qui résultent souvent de leur connaissance imparfaite, ont porté beaucoup d'esprits à regarder comme oiseuse et sans utilité réelle, l'étude de ces faits : c'est une erreur, l'imperfection d'une science n'est point une raison pour l'abandonner.
>
> GAUTIER. *Cérès française*.

> Toutes les fois que les faits conduisent à formuler une loi qui est vraie dans des conditions bien définies, on a le droit d'introduire cette loi dans le domaine de la science.
>
> E. LECOUTEUX. *Question du blé*.

I.

Les études auxquelles je me suis livré pendant plusieurs années sur le mouvement habituel des cours, m'ont fait trouver quelques combinaisons que je m'empresse de soumettre aux méditations de tous les hommes de bien qui s'occupent des sciences économiques et humanitaires; heureux si ces données élémentaires, sanctionnées par des faits pratiques, me font gagner quelques adeptes à une science qui ne saurait avancer que par le concours d'un grand nombre d'observateurs zélés et persévérants.

Mon ouvrage n'est pas destiné à donner des leçons aux savants; il n'a pas une portée si haute ; mon unique dessein a été plutôt de les appeler à mon aide, pour mettre un jour les praticiens de toutes les conditions, agriculteurs et négociants, à même de réunir en faisceau le plus grand nombre possible des plus sûres prévisions , pour servir d'égide à l'agriculture et au commerce agricole.

Que tous les hommes de savoir et de cœur s'unissent donc dans un effort commun ! Que leurs savantes investigations, dans le vaste domaine des faits, leurs fassent apporter à l'œuvre commune de nouvelles prévisions ! Le bien public avant tout. Divulguons, sans aucune réserve, les secrets trouvés dans nos études, et les combinaisons de la loi des faits que nous avons tenues jusqu'à présent, cachées à tous les regards. Apportons chacun notre petite pierre à l'édifice de la loi des faits du commerce agricole, afin de poser les bases d'une science nouvelle, ayant pour but de résoudre l'une des plus grandes questions économiques des temps modernes.

Quel serait le moyen le plus efficace pour parvenir à l'amoindrissement des variations excessives dans les cours et des funestes effets du jeu dans la spéculation sur les denrées alimentaires ?

Je me plais à le répéter :

Il est évident que lorsque toute la presse, plus
unanime que par le passé dans ses appréciations,
pourra, exposer, avec plus d'ensemble, la véritable
situation agricole et les principales combinaisons
de la loi des faits, les oscillations des cours seront
alors modérées par l'opinion générale mieux fixée,
et l'agio dévoilé perdra beaucoup de ses folles har-
diesses ; ainsi plus de cherté ni de baisse extraor-
dinaires dans les prix des céréales, ni de jeu aussi
effréné dans la spéculation !

Pourrait-on méconnaître l'utilité incontestable des
prévisions, dans le commerce agricole, quand les
importations qu'elles ont favorisées avec tant d'à-pro-
pos, après la récolte de 1861, parlent si haut en
leur faveur !

Pénétré de l'importance de cette vérité, je
m'appuie sur elle, pour en tirer la conséquence que,
si l'on s'applique enfin résolument, dans la carrière
des connaissances économiques, à la recherche de
nouveaux faits agricoles, chaque résultat obtenu sera
une nouvelle étape gagnée, pour marcher à la con-
quête d'une science indispensable au bien-être de
l'humanité.

II.

Je trace donc timidement le premier sillon du
vaste champ d'une science naissante, avec l'espoir

que des observateurs plus initiés aux arcanes de la spéculation et du mouvement habituel des cours, me suivront dans cette voie difficile pour mieux l'explorer. C'est un essai que je tente sur une nouvelle terre promise, vierge encore d'approfondissement et d'études, dont je ne fais qu'effleurer les bords, en laissant à de plus habiles la gloire de pénétrer plus avant.

Les faits observés avec la plus grande sollicitude, pendant une période de quatorze années, m'ont servi de bases pour établir les principales combinaisons suivantes :

Première combinaison.

Quand les cours ont une hausse insolite de septembre à décembre, il survient, presque toujours, dans les quatre premiers mois suivants, une baisse équivalente et proportionnelle qui rétablit l'équilibre ; c'est la conséquence naturelle des prix poussés à l'excès. Ainsi les grandes hausses de la fin des années 1853, 1855 et 1861 ont été suivies de fortes baisses pendant les quatre premiers mois des années 1854, 1856 et 1862.

Suivant la loi inflexible de l'offre et de la demande, les cours devaient, en effet, éprouver une dépréciation, naturellement produite par les offres nombreuses qui, dans ces circonstances difficiles, proviennent de tous les pays producteurs du monde.

Deuxième combinaison.

Pendant les six années de 1854 à 1859, les cours ont toujours été plus bas en décembre qu'en novembre, et pendant les quatorze années de 1849 à 1862, les cours ont aussi, presque toujours, été moins élevés en février qu'en janvier.

Dans cette combinaison, il naît un fait important qu'il faut adopter comme une règle générale, c'est que l'impulsion une fois donnée à cette époque, dans un sens ou dans un autre, elle se continue, presque toujours, jusqu'au-delà de l'hiver ; ainsi, dans la période que je viens de citer, de 1849 à 1862, la baisse a continué, dix fois sur quatorze, jusqu'en mars et avril.

Troisième combinaison.

Les plaintes sur les récoltes en terre, à l'époque des phases critiques de la végétation, amènent toujours de l'élévation dans les prix vers le mois de juin, et dans le cas où ces plaintes continuent à se produire pendant la moisson, on doit s'attendre encore à des cours élevés en octobre : Les prévisions relatives à la récolte, se dessinant alors dans le sens d'un déficit, les cultivateurs ne hâtent pas les battages; mais comme, dans le même temps, les demandes de blés de semence deviennent chaque jour plus impérieuses, la hausse surgit inévitablement de cet état de choses.

Un fait digne de remarque, c'est qu'il arrrive très souvent que les cours de juin sont l'opposé de ceux de juillet ; on le voit par les trois années 1854 , 1856 et 1860, qui se sont distinguées par une hausse alarmante dans le mois de juin, suivie d'une forte baisse en juillet.

Ces variations extrêmes ont eu pour cause une température anormale en juin, dont certains intérêts ne manquèrent pas, comme d'habitude, d'exagérer la portée, mais un revirement favorable en juillet dissipa toujours toutes les craintes et ramena l'opinion publique à la vérité.

Quatrième combinaison.

Des baisses sérieuses.

Les baisses qui émanent de causes naturelles, suivant les lois normales des faits et du bon sens, donnent toujours la certitude d'une longue durée.

Mes observations m'ont conduit à adopter trois divisions, afin de prévoir les baisses sérieuses sur la continuation desquelles on peut compter avec une assez grande sécurité.

Voici les indices auxquels on peut reconnaître ces divisions :

1° La récolte est bonne, lorsque la baisse arrive

pendant la moisson, et que la satisfaction est générale dans les pays producteurs.

2° Elle est ordinaire, quand la hausse se fait sentir à l'époque des semailles d'automne, quoique la récolte ait été considérée comme assez abondante;

3° Elle est mauvaise et annonce un déficit, quand la hausse commence au moment de la moisson et continue jusqu'à la fin de l'année.

Au moyen de ces indications, il est facile de prévoir que les baisses seront sérieuses et durables, lorsqu'elles se produisent aux époques suivantes :

1° Dans les bonnes années, la baisse sérieuse commence en août, ou à la fin de la moisson ;

2° Dans les années ordinaires, la baisse sérieuse a lieu vers la fin de septembre, ou à la suite des semailles d'automne ;

3° Dans les années reconnues mauvaises, assez à temps, par l'opinion générale, pour attirer des offres nombreuses en grains étrangers, la baisse sérieuse se produit à la fin de décembre, ou à l'époque des paiements de la fin de l'année.

Cinquième combinaison.

De la règle dominante.

Enfin la règle dominante, qu'il ne faut jamais perdre de vue et qui doit être adoptée comme la base fondamentale du système de la loi des faits du commerce agricole, c'est que, presque toujours, les cours les plus élevés se rencontrent à la fin de juin et de septembre, et les cours les plus bas au milieu d'avril.

Conclusion.

Comme tous les nouveaux systèmes, la loi des faits du commerce agricole aura ses détracteurs, cependant on ne pourra pas dire que je me suis hasardé à faire des conjectures, car mes observations sont fondées sur l'expérience ; point d'opinion qu'elle ne soit démontrée par les faits.

Maintenant je laisse la parole aux chiffres, ces faits mathématiques, ils sont encore plus éloquents. Mes tableaux synoptiques, dont la méthode est si facile à saisir, vont prouver, par leurs résultats, l'excellence de mon système pour ouvrir la voie à de plus profondes recherches, et l'économiste y trouvera un nouveau sujet de méditation qui lui inspirera, dans l'intérêt de tous, la noble initiative de poursuivre le travail de ces études élémentaires.

V.

TABLEAUX SYNOPTIQUES

Des principales combinaisons de la loi des faits du commerce agricole.

———

Ces tableaux sont basés sur le cours moyen des farines de commerce, pendant une période de 14 années.

> Il faut en économie, comme en toute étude, rester au milieu des faits ; quand on en sort, on ne s'élève pas dans l'espace, on tombe dans le vide.
>
> BRIAUNE. *Du prix des grains.*
>
> Or, une fois cette conviction entrée dans l'esprit des campagnards, on ne doit plus s'étonner des aspirations nouvelles qui se développent si rapidement chez un grand nombre d'entr'eux, et se propagent alors très facilement, parce que, s'ils sont difficiies à convaincre théoriquement, la logique des faits, au contraire, les entraîne d'elle-même.
>
> Baron ED. DE MERTENS.

1.

Application de la deuxième combinaison de la loi des faits du commerce agricole.

	Années.	Janvier.	Février.	
1°	1849	47 fr.	48 fr.	exception.
2°	1850	47	47	neutre.
3°	1851	44 fr.	43 fr.	
4°	1852	56	56	neutre.
5°	1853	56	55	
6°	1854	105	103	
7°	1855	85	84	
8°	1856	105	98	
9°	1857	80	79	
10°	1858	48	47	
11°	1859	46	44	
12°	1860	56	56	neutre.
13°	1861	65	68	exception.
14°	1862	78	72	

RÉSUMÉ.

9 périodes se conformant à la règle générale.

2   »   exceptionnelles.

3   »   neutres.

———

14

II.

Application de la deuxième combinaison de la loi des faits du commerce agricole.

	Années.	Janvier.	Avril.	
1°	1849	47 fr.	48 fr.	exception.
2°	1850	47	46	
3°	1851	44	43	
4°	1852	56	54	
5°	1853	56	55	
6°	1854	105	89	
7°	1855	85	82	
8°	1856	105	85	
9°	1857	80	74	
10°	1858	48	45	
11°	1859	46	46	neutre.
12°	1860	56	56	neutre.
13°	1861	65	72	exception.
14°	1862	78	65	

RÉSUMÈ.

10 périodes se conformant à la règle générale.

2   »   exceptionnelles.

2   »   neutres.

——

14

III.

Application de la cinquième combinaison de la loi des faits du commerce agricole.

	Années.	15 Avril.	Fin Juin.	
1°	1849	48 fr.	49 fr.	
2°	1850	46	46	neutre.
3°	1851	43	46	
4°	1852	54	52	exception.
5°	1853	· 55	75	
6°	1854	89	94	
7°	1855	82	93	
8°	1856	86	105	
9°	1857	74	74	neutre.
10°	1858	44	45	
11°	1859	46	49	
12°	1860	56	66	
13°	1861	72	72	neutre.
14°	1862	65	56	exception.

RÉSUMÉ.

9 périodes se conformant à la règle dominante.

2   »   exceptionnelles.

3   »   neutres.

——

14

IV.

Application de la cinquième combinaison de la loi des faits du commerce agricole.

	Années.	Fin Septembre.	15 Avril de l'année suivante.	
1°	1849	52 fr.	46 fr.	
2°	1850	50	43	
3°	1851	47	54	exception.
4°	1852	55	55	neutre.
5°	1853	89	89	neutre.
6°	1854	89	82	
7°	1855	114	85	
8°	1856	91	74	
9°	1857	56	45	
10°	1858	50	46	
11°	1859	56	56	neutre.
12°	1860	59	71	exception.
13°	1861	96	65	
14°	1862	»	»	future.

RÉSUMÉ.

8 périodes se conformant à la règle dominante.

2   »   exceptionnelles.

3   »   neutres.

1   »   future.

____

14

LIVRE IV

LA SAGESSE DE L'HOMME DES CHAMPS

ou

LE LIVRE D'OR DE L'AGRICULTEUR.

PRÉAMBULE

Les anciens, chez qui les travaux de la terre étaient
en honneur et en très grande recommandation, ne
manquaient ni de préceptes pour s'en assurer le succès,
ni de prédictions fondées sur l'expérience et sur l'état
du ciel pour en prévenir les suites ; leurs poèmes d'a-
griculture et quelques uns de leurs autres ouvrages en
font foi.

Le P. COTTE. *Discours préliminaire sur l'histoire
et l'utilité des observations météorologiques.*

I.

Les nombreux avantages que présente, en agriculture, la connaissance éclairée de certains proverbes, conseils et prévisions agronomiques, prouvent
qu'il est du plus haut intérêt de conserver au sou-
venir des générations agricoles les meilleurs adages
qui ont reçu la sanction de tous les temps, et
qu'on doit considérer comme les fondements de
toute bonne maison rustique. Ne sont-ils pas, en
effet, par leurs vérités usuelles et pratiques, les
marques impérissables de la sagesse populaire, la
quintessence de la science agronomique, le livre

d'or de l'agriculteur ? Et c'est bien, assurément, le livre d'or de l'agriculteur, puisqu'on peut réduire à ces simples préceptes si naïfs, et si vrais, tout ce que les auteurs anciens et modernes ont dit en mille volumes !

Tout le monde répète encore de nos jours ces paroles de Salomon dans l'antiquité :

« Les proverbes sont la sagesse des nations. »

II.

Mais il est rationnel de ne pas admettre indistinctement tous les présages agronomiques, car il s'en trouve qui, se fondant sur l'observation d'un seul jour de l'année, ne doivent évidemment posséder aucune autorité. Notre croyance doit être beaucoup plus grande à ceux qui se rapportent à l'observation d'un mois, d'une saison, d'une partie de l'année, où la température, variant d'une manière assez sensible, peut naturellement produire des effets d'une certaine importance.

Pour satisfaire à la raison et au bon sens, je me suis donc borné à ne transcrire que ces derniers, dans les deuxième et troisième sections du quatrième livre.

Ces prévisions , quoiqu'elles ne puissent être regardées comme infaillibles, puisque rien ne l'est ici bas, présentent néanmoins, en général, de très grandes probabilités : une assez longue suite d'observations leur donne le degré de certitude suffisante pour qu'il soit utile de les mettre en pratique, et quand l'événement attendu n'arrive pas, c'est souvent la faute de l'observateur qui, dans ce cas, s'attache trop obstinément à voir naître les résultats de certains signes déjà détruits et remplacés par d'autres.

III.

A notre époque, où le progrès marche à pas de géant dans toutes les voies scientifiques et industrielles qu'il jalonne par de merveilleuses découvertes, la météorologie ne reste pas non plus en arrière ; on parle en ce moment, dans le monde marin, des avantages que, depuis quelque temps, la marine anglaise tire des observations météorologiques faites, au Conseil d'amirauté d'Angleterre, par les soins de l'amiral Fitzroy, pour indiquer la température et surtout les tempêtes deux jours à l'avance, par des signaux télégraphiques, dans les ports du littoral maritime.

Cette sorte de divination, si utile aux marins et aux agriculteurs, repose, dit-on, sur une théorie confirmée déjà par une assez longue expérience et admise par les plus savants météorologistes.

L'ÉGIDE

DU MONDE AGRICOLE

LIVRE IV.

LA SAGESSE DE L'HOMME DES CHAMPS

OU

LE LIVRE D'OR DE L'AGRICULTEUR.

I.

CONSEILS AGRONOMIQUES.

1.

Les seuls vrais biens.

> Heureux qui vit chez soi,
> De régler ses désirs faisant tout son emploi.
>
> LA FONTAINE.
>
> Celui là sera heureux qui se peut tapir en son foyer,
> quelque pauvre qu'il soit.
>
> Michel MONTAIGNE.

Ces biens sont au nombre de quatre : la santé,
fille de la tempérance ; la conscience, fille de

l’amour de Dieu et de ses semblables ; l’aisance,
fille du travail et de l’économie ; l’indépendance,
fille de la modération dans les désirs. Tout ce qui
n’est pas cela, n’est pas grand’chose pour le bonheur
des familles. Plus on a de propriétés rurales ou
immobilières, plus on offre de prises aux coups de
la fortune. Soyons assez sages pour ne lui présenter
qu’un mince profit. Rendez vos enfants assez heureux pour qu’ils ne soient jamais tentés d’abandonner votre village et de changer de condition.
Tandis que les habitants des campagnes ne songent
qu’au bonheur que l’on goûte dans les villes, les
habitants les plus opulents et les plus qualifiés des
grandes cités n’aspirent qu’à l’innocence et à la
paix des champs. Ils placent le bonheur suprême
dans les hameaux, et n’imaginent pas de félicité
plus grande que celle dont jouissent les bergers.
Leurs bibliothèques, leurs galeries, leurs théâtres
sont remplis de tableaux représentant des scènes
pastorales et des paysages qui rappellent l’âge d’or.
Ce sont là des rêves, sans doute, mais ce sont là
les rêves habituels des esprits que la satiété des
jouissances et les tourments de l’ambition rendent
malades.

Heureux celui qui borne ses désirs, qui ne trouve
rien de plus beau que ses foyers, rien de plus
aimable que sa famille, rien de plus frais et de mieux
fleuri que son verger et son jardin. Celui-là passera

des jours sans orages, et la fin de sa vie ressemblera à la soirée d'un beau jour.

DESORMEAUX. *Tableaux de la vie rurale*, tome I.

II.

Maximes de conduite.

La crainte est le commencement de la sagesse.

L'EVANGILE.

Fais à autrui
Ce que tu voudrais qu'il te fît.

—

Qui des siens s'éloigne, Dieu l'abandonne.

—

Le père qui néglige l'éducation de ses enfants est un barbare qui les étouffe au berceau.

—

Ne te lasse pas de conseiller,
Ce qu'on ne fait pas aujourd'hui, on le fera demain.

—

Ne confie point à un autre ce que tu peux faire toi-même.

—

Qui donne son bien avant de mourir
S'apprête à bien souffrir.

—

La sollicitude pour les animaux et pour les êtres qui ne peuvent se secourir eux-mêmes, est un des premiers devoirs de tout homme juste.

Ne juge pas des hommes par la parure : La mouche à miel brille moins que le papillon.

———

Le sage est humble dans les grandeurs, et fier dans l'adversité.

———

En fait de malheurs, regardez toujours au-dessous de vous ; en fait de vertu et de science, regardez toujours au-dessus ; ce sera le moyen de vous préserver du désespoir et de l'orgueil.

III.

Simple hygiène.

> Connais-toi, toi-même.
> THALÈS.
> C'est la nature qui guérit.
> HIPPOCRATE.

La santé est une richesse inconnue.

——

Un homme sage a dit : Pour guérir de vos maux,
Rien n'est meilleur que l'eau, la diète et le repos.

———

En tous temps la sobriété
Est la mère de la santé.

———

Mieux vaut prévenir que guérir.

———

Le sage observe en tous temps, cette maxime :
Rien de trop.

Qui se règle et se modère,
A bon droit longs jours espère.

—

Soyez gai, mangez peu, buvez de même,
Voilà la recette suprême.

—

Pour vivre longtemps,
Vêtez-vous chaudement
Et mangez frugalement.

—

La propreté
Entretient la santé.

—

Tête fraîche, ventre libre et pieds chauds.

—

Pain d'un jour, vin d'un an, et farine d'un mois.

—

Lever à six, manger à dix,
Souper à six, coucher à dix,
Fait vivre l'homme dix fois dix.

—

Visite la ville, mais séjourne aux champs ; l'air y est
plus pur et la vie plus calme.

IV.

Economie rurale.

> Le labourage et le pastourage, voilà les deux
> mamelles dont la France est alimentée, les vrais mines
> et trésors du Pérou.
>
> SULLY.
>
> Les biens que donne la terre sont les seules richesses
> inépuisables et tout fleurit dans un Etat ou fleurit
> l'Agriculture.
>
> LE MÊME.

Les bons maîtres font les bons domestiques
Ainsi que les bons fermiers.

———

Admire les grands biens; mais que ta destinée
Soit de tirer parti d'une ferme bornée ;,
On n'y perd pas, mon fils, cent arpents bien tenus,
Valent, pour le bonheur et pour les revenus,
Mieux que les mille arpents d'un immense domaine,
Désert que l'on sillonne et qu'on engraisse à peine.
P. VARNIER. *Traduction de F. de Neufchâteau.*

———

Qui laboure et nourrit, file de l'or.

———

Plutôt riche paysan que pauvre gentilhomme.
Proverbe allemand.

———

Tant vaut l'homme, tant vaut la terre,
Tant vaut la femme, tant vaut le ménage.

———

Femme économe est un trésor ,
Et femme alerte vaut son pesant d'or.

Au dehors, fermier vigilant.
Au dedans, bonne ménagère,
Peuvent, tous les deux s'entr'aidant,
De leur maître acheter la terre.

———

Tout bon fermier doit connaître
L'are, le litre et le mètre.

———

Aide-toi, le ciel t'aidera.

———

Avec l'ordre et l'économie
Jamais de fortune ennemie.

———

A petit profit grande épargne.

———

Les petits ruisseaux font les grandes rivières,
Et les rigoles mettent les ruisseaux à sec.

———

Le défaut de soin,
Fait plus de tort que de défaut de savoir.

———

Si tu as des foins à terre,
Et des gerbes sur le sillon,
Ne laisse personne à la maison.

———

Ne remets jamais à demain
Ce que tu peux faire aujourd'hui.

———

Le temps perdu en agriculture
Ne se regagne jamais.

Ne dis-je veux
Qu'après avoir calculé si tu peux.

———

De bon plant, plante ta vigne,
De bonne mère, prends la fille.

V.

Agriculture.

Qui veut tirer au grain
Doit tirer aux fourrages.

———

Ce conseil est inscrit en grosses lettres sur la porte
de la ferme de l'Empereur, à Lamothe-Beuvron, en
Sologne.

Dans tous pays la culture diffère,
Cultive donc comme le veut la terre.

———

Voulez-vous assurer des moissons abondantes ?
Connaissez la vertu des terres différentes ;
Chacune a son génie : ici le blé mûrit,
Et la vigne prospère où la pomme périt.

ROSSET.

———

En lieu bas sème ton froment ;
En lieu haut plante ton sarment.

———

Sème de bonne heure et taille tard,
Tu auras du pain et du vin.

———

Semaille tardive,
Récolte chétive,
Ne l'oublie pas.

Blé tardif ne fut jamais gros.

——

Que la récolte améliorante
Succède à celle épuisante.

——

En un bon terrain calcaire
Plante la pomme de terre,
Grosse, saine et toujours entière.

——

Dans toutes terres fumées
A des récoltes sarclées
Fais succéder le froment.

——

Dans un sol argileux sable vaut du fumier.

——

Labours profonds, engrais, semence nette,
Pour t'enrichir c'est la bonne recette.

——

Labours donnés les derniers
Sont moins profonds que les premiers.

——

Bon temps, bon laboureur, avec bonne semence
Donnent du grain en abondance.

——

En labourant, cache avec soin ton herbe,
Ou tu n'auras qu'une chétive gerbe.

——

O l'insensé qui laboure par pluie !

——

Terre profondément bêchée,
Chanvre plus haut d'une coudée.

Crois moi, ne sème en ton terrain
Que ce qui peut donner profit certain.

———

Graine enfouie à plus de six pouces
Ne donne que chétives pousses.

———

Que des bosquets et des arbres en rangs,
Du vent du Nord, garantissent tes champs.

———

Par le savoir et les engrais, le sage
En semant moins récolte davantage.

———

A tes blés, poudre de plâtre ;
A ton blé noir, cendre de l'âtre.

———

Qui sème sans fumer sa terre
Restera toujours pauvre hère.

———

Pour récolter
Il faut fumer.

———

Comme de l'or ramasse ton fumier ,
Tu deviendras gros et riche fermier.

———

Point de fumier sans prés,
Et sans fumier point de blé.

———

La terre s'épuise pour le blé
Et se repose par le pré.

Qui fait des prés s'enrichit,
Qui n'en fait pas s'appauvrit.

—

Sans fumier il n'y a pas de bonnes terres ;
Avec du fumier il n'y en a pas de mauvaises.

—

Sans bétail on ne fait rien qui vaille,
On n'a ni grain, ni foin , ni paille.

II.

PRÉSAGES

AGRONOMIQUES ET MÉTÉOROLOGIQUES

POUR TOUTE L'ANNÉE.

———

1.

Mieux vaut bon temps
Que bons champs.

—

Janvier le frileux,
Février le grésilleux,
Mars le poudreux,
Avril le pluvieux,
Mai clair et venteux,
Font tout l'an fort plantureux.

—

A hiver pluvieux
Eté plantureux.

—

Quand en hiver est l'été,
Et en été l'hivernée,
Jamais il ne fut bonne année.

Année neigeuse,
Année fructueuse.

—

Sous la pluie famine ;
Sous la neige pain.

II.

Pauvre laboureur, tu ne vois
Jamais ton blé beau, l'an, deux fois,
Car si tu le vois beau en herbe ,
Tu ne l'y verras pas en gerbe.

—

La tramontane (*) n'apporte point de blé.

—

Bruine est bonne à vigne,
Et à blé la ruine.

—

Quand la cerise périt
Tout s'ensuit (2).

—

Si tu sarcles peu,
Tu moissonneras peu.

—

Année d'herbe
Jamais superbe.

—

Saison tardive
Ne fut jamais oisive.

(*) La bise.
(2) La cerise, se formant en même temps que la généralité des autres fruits,
notamment le blé, il est évident qu'une température normale doit leur être
également favorable, et *vice-versâ*.

III.

PRÉSAGES

AGRONOMIQUES ET MÉTÉOROLOGIQUES

POUR CHAQUE MOIS.

1.

Janvier.

Eau en janvier tient toute l'année (*).

—

Bonne est la neige qui vient en son temps.

—

Poussière de janvier
Charge le grenier.

—

Serein l'hiver, pluie en été,
Ne sont pas grande pauvreté.

—

Si tu vois de l'herbe en janvier,
Serre ton grain dans ton grenier.

(*) Cette prédiction s'est accomplie exactement en 1860.

II.

Février.

Février qui beaucoup neige
D'un bel été devient le pleige (¹).

———

Pluie en février
Vaut du fumier.

———

Si février n'est pas un peu froid,
Mars produit trop d'herbe dans les champs.

III.

Mars.

Poussière de mars, poussière d'or.

———

Mars sec, abondance de grains.

———

Mars hâleux,
Avril pluvieux,
Font mai joyeux.

———

Mars pluvieux,
An disetteux.

———

Quand il pleut les trois pâques,
Les biens de la terre diminuent.

———

(1) Garant.

Taille tôt ou taille tard,
Rien n'est tel que taille de mars

—

Faites la vigne pauvre, elle vous fera riche.

—

Quand mars mouillé sera
Bien du lin se récoltera.

IV.

Avril.

Avril frais et froid
Fait ce qu'il doit.

—

Avril et mai sont la clef de l'année.

—

Gelée d'avril ou de mai
Misère nous prédit au vrai.

—

Bourgeon qui pousse en avril
Met peu de vin au baril.

—

Jamais pluie de printemps
Ne passa pour un mauvais temps.

—

Les rosées d'avril
Emplissent granges et barils.

—

En mai rosée, en mars grésil,
Pluie abondante au mois d'avril,
Le laboureur contente plus
Que s'il gagnait cinq cents écus.

V.

Mai.

Entre avril et mai
Se fait la farine pour toute l'année.

—

Au mois de mai la chaleur
De tout l'an fait la valeur.

—

Mai jardinier (1) beaucoup de paille et peu de blé.

—

Printemps pluvieux, beaucoup de foin, peu de blé.

—

Mai refait le blé,
Et juin en met dans tous les coins (2).

—

Abondance de hannetons
Annonce de riches moissons.

—

Frais mai et chaud juin.
Amènent pain et vin.
Mai froid n'enrichit personne.

VI.

Juin.

Beau temps en juin,
Abondance de grains.

—

Année de foin,
Année de rien.

(1) Humide.
(2) 1860 et 1861 témoignent de la vérité de cet adage.

Eau à la Saint Jean ôte le vin
Sans donner le pain.

—

En juin l'humidité rend vides caves et greniers.

—

En juin sarcler son blé
Est le fait d'un insensé.

—

Pour peu que tu sois fin,
Du cinq au quinze juin,
Si tu veux qu'il prospère ,
Mets ton blé noir en terre.

—

Qui fauche et fane par la pluie
Gagne son brevet de folie.

—

Quand la fleur est passée
Trop tard l'herbe est coupée.

—

Le trèfle est-il en fleurs ?
Commande des faucheurs.

VII.

Juillet.

Au plus tard en juillet
Faucille au poignet.

—

Assure-toi, tous les matins ,
S'il est temps de couper tes grains.

—

Beaucoup de paille, peu de grains.

VIII.

Août.

Les beaux épis font les belles récoltes.

—

Août
Mûrit blé, grappes et moût.

—

Qui dort en août,
Dort à son coût.

—

Récolte engrangée
Récolte assurée.

—

Pendant l'août et la vendange
Il n'y a ni fête ni dimanche.

—

Quand il pleut en août,
Il pleut miel et bon moût.

IX.

Septembre.

Septembre est le mai d'automne.

—

Pluie de septembre
Favorise et vignes et semailles.

—

Du vin septembre fait la qualité
Comme juin la quantité (1).

—

Rameau court, longue vendange.

Voir page 129.

X.

Octobre.

Froid d'octobre tue les chenilles.

—

Chaleur en octobre, glace en février.

—

Les froments sémeras en la terre boueuse,
Les seigles logeras en la terre poudreuse.

XI.

Novembre.

Si tu laboures mal, tu moissonneras foin.

—

A la Toussaint les blés semés
Et tous les fruits serrés.

—

De la Toussaint à la fin de l'Avent,
Jamais trop de pluie et de vent.

—

Si la neige tombe dans la boue,
La récolte sera mauvaise;
Si elle tombe sur un terrain gelé,
La récolte sera bonne.

—

Novembre orageux, été orageux,
Novembre humide, été humide (1).

(1) Il est vraiment étonnant de voir l'exactitude avec laquelle s'est vérifié ce proverbe agricole allemand, en 1860 et 1861. Le mois de novembre si pluvieux de 1859, ne fut-il pas le précurseur de l'été pluvieux de 1860 ? et celui de novembre si beau de 1860, ne fut-il pas, à son tour, le précurseur de l'admirable été de 1861 ?

XII.

Décembre.

En décembre, du bois
Et endors toi.

—

Aux semences en terre
L'humidité nuit plus avant qu'après Noël.

—

La neige au blé est un bénéfice
Comme aux bons vieillards la pelisse.

—

En décembre froid ,
Si la neige abonde,
D'année féconde,
Le laboureur a foi.

—

Les blés
Endurent les gelées
Quand par de trop grands froids, ils ne sont point troublés.
Mais de neige sont-ils couverts ?
Ils bravent les plus forts hivers.

IV.

PRÉSAGES

ASTRONOMIQUES ET MÉTÉOROLOGIQUES.

Qui veut prévenir bien des pertes,
Tient sur le ciel les paupières ouvertes.

I.

Les vents d'Est, du Nord et du Nord-Est,
Annoncent un temps sec et froid.

—

Les vents d'Ouest et du Sud-Ouest,
Amènent de la pluie.

—

Le vent du Sud prédit souvent un temps
Variable, pluvieux ou de grands vents.

—

Quand le vent est africain,
S'il ne pleut pas aujourd'hui, il pleuvra demain.

—

Le fréquent changement de vents
Menace d'ouragans et de tempêtes.

—

Le vent se tourne du côté d'où le son des cloches,
arrive plus distinct qu'à l'ordinaire, et du côté d'où
viennent les nuages qui montent contre le vent.

II.

Quand le soleil, la lune ou les étoiles
Sont clairs, purs et brillants;
Présage de beau temps.
Mais s'ils sont fort rouges, obscurs ou pâlissants,
Signe de mauvais temps.

—

Soleil rouge promet de l'eau
Et soleil blanc fait le temps beau.

—

Lune pâle annonce la pluie,
Rouge, elle présage du vent,
Brillante, elle promet du beau temps.

—

Ciel teint en rouge : pluie ou vent.

—

Le ciel qui se couvre et devient obscur ou blanc
Pronostique le mauvais temps.

—

Aurore rouge dénote vent ou pluie

—

Pluie le matin
Prend fin.

—

L'arc-en-ciel du matin :
Pluie sans fin,
L'arc-en-ciel du soir :
Il faut voir.

—

Grand calme est signe d'eau.

Temps pommelé
Nulle durée.

—

Temps après temps
Et pluie après vent.

—

Petite pluie abat grand vent.

—

Après gros tonnerre,
Force eau sur terre.

—

Quand il pleut de la bise,
Il en pleut à sa guise.

III.

Du brouillard en croissant
Annonce le beau temps;
Du brouillard en décours,
C'est de la pluie avant trois jours.

—

Brouillard au ciel le soir,
Brouillard sur terre à l'aube.

—

Gelée blanche, indice de beau temps.

—

Le givre est le précurseur du dégel.

—

Le ciel rouge au matin
Déplaît au pélerin ,
Mais le ciel rouge à la fin du jour,
Du beau temps lui prédit le retour.

—

Rouge au soir, blanc au matin,
C'est la journée du pélerin.

—

Après l'orage le beau temps.

IV.

Désirez-vous connaître une marque certaine
De l'indice assuré d'un lendemain pluvieux ?
Le soleil et la lune ont un cercle autour d'eux,
Et plus le cercle est grand, plus la pluie est prochaine.

———

Quand le soleil couvert par des nuages sombres,
Plus tôt que chaque soir, fait descendre les ombres,
On doit craindre le mauvais temps ;
Mais lorsque nulle brume au bout de sa carrière
N'obscurcit point l'éclat de sa vive lumière,
Il faut compter sur le beau temps.

———

Quand on voit sous la nue épaisse et nébuleuse,
Avant la fin du jour, les rayons du soleil
Descendre sur la terre, en gerbe lumineuse;
C'est le présage sûr d'un temps clair et vermeil.
Mais si vers le zénith de la voûte azurée,
Au-dessus des nuages épais,
Vous voyez ces rayons sillonner l'empyrée,
C'est le signe d'un temps mauvais.

———

Après un temps couvert, si l'on voit les nuages
Se démembrer et fuir, sous l'action d'un bon vent,
En laissant entrevoir l'azur dans leurs passages ;
C'est le sûr pronostic du retour du beau temps.

V.

UN NOUVEAU BAROMÈTRE

A la portée de tous.

———

I.

Le succès des travaux agricoles dépend en grande partie des circonstances atmosphériques plus ou moins favorables dans lesquelles ils ont été faits. Dès qu'il y a eu des hommes sur la terre, ils ont dû sentir de quelle importance il serait pour eux de pouvoir connaître, à des signes certains, quel temps il fera, ou à quels changements, dans celui qu'il fait, on doit s'attendre pour une époque déterminée. L'antiquité crut avoir rencontré ces signes dans les astres, dans la position des planètes par rapport à la terre, à la lune, au soleil ; dans leurs oppositions, leurs conjonctions, etc. S'il est raisonnable de rejeter tous ces prétendus signes de changement de temps, tirés de l'astrologie, il en est qui méritent plus de confiance, et que l'homme intéressé à prévoir les variations de temps

qui doivent avoir lieu ne peut se dispenser de
connaître. Les uns sont naturels et nous ont été
enseignés par l'observation et l'expérience ; les
autres sont artificiels, et sont fournis par des instru-
ments de physique tels que le baromètre, l'hygro-
mètre, le thermomètre, etc.

II.

Un observateur intelligent, M. H. Sauvageon, de
Valence, vient de faire la découverte d'un nouveau
baromètre à la portée de tous, fondé sur l'étude
des différents phénomènes qui se produisent dans
une tasse de café lorsqu'on y met le sucre. Cette
connaissance, si simple et si utile, doit rendre de
grands services en agriculture, car l'homme des
champs, souvent trop économe, passera toute sa
vie sans pouvoir se décider à l'achat d'un vrai
baromètre, tandis qu'il observera tous les jours, avec
plaisir, les indications que lui fournira le mouvement
du sucre dans son café. Voici les résultats de ces
observations qui transforment une demi-tasse en
instrument de météorologie :

III.

« Si, en sucrant votre café, dit M. Sauvageon,
« vous laissez le sucre se fondre sans agiter le

« liquide, les bulles d'air contenues dans le sucre
« montent à la surface du liquide. Si les bulles
« forment une masse spumeuse, se maintenant bien
« au centre de la tasse, vous avez l'indication du
« beau fixe ; si, au contraire, l'écume se rend en
« anneaux au bord du vase, vous avez l'indication
« de grande pluie ; l'écume stationnant, mais pas
« tout à fait au centre, indique variable ; si elle se
« rend vers un seul point du bord de la tasse, sans
« se désagglomérer, l'indication est pluie.

   « Ce n'est qu'après avoir constaté, par comparai-
« son, ces indications avec celles d'un baromètre
« métallique Bourdon et un baromètre à colonne
« de mercure, qu'en ayant reconnu la concordance
« exacte, je les livre à la publicité. »

VI.

LA RÈGLE BUGEAUD.

I.

La lune influe-t-elle sur les changements du temps?

Le maréchal Bugeaud, qui fut aussi illustre guerrier que bon agriculteur, le croyait. On raconte que pendant la guerre d'Espagne, lorsqu'il n'était encore que capitaine, il trouva, dans une abbaye de moines, un vieux manuscrit renfermant un grand nombre d'observations lunaires, qui portaient sur près de 50 années, soit environ 600 lunaisons. Agriculteur de 1815 à 1830, il se complut à vérifier la règle que ces observations avaient établie; cette prescience lui permettait alors de réaliser des avantages et de conjurer des dommages que d'autres n'étaient aptes ni à recueillir ni à éviter. Gouverneur de l'Algérie, sa conviction était si grande, qu'il ne faisait entrer ses troupes en campagne qu'après le sixième jour de la lune, et qu'il n'entreprenait plus rien, soit en exploitation rurale, soit en stratégie militaire, sans se guider sur cette règle avec une foi inébranlable.

II.

Voici la loi météorologique du vieux manuscrit espagnol, adoptée par le maréchal Bugeaud :

Le temps se comporte 11 fois sur 12, pendant toute la durée de la lune, comme il s'est comporté au 5me jour de la lune; si le 6me jour le temps est resté le même qu'au 5me.

Et 9 fois sur 12, comme le 4me jour, si le 6me jour ressemble au 4^{m}.

Le maréchal ajoutait 6 heures au 6me jour écoulé avant de se prononcer sur le temps, en raison du retard quotidien de la lune, entre deux passages au méridien.

Il est superflu de faire observer que la règle ne peut servir quand le sixième jour ne ressemble ni au quatrième ni au cinquième.

III.

Dans tous les temps, les savants ont cherché à découvrir si la lune agissait réellement sur l'atmosphère. De nombreuses observations ont maintenant démontré l'existence de cette action. En voici une entr'autres, dont la connaissance n'est pas à dédaigner : Schubler se fonde sur 28 années d'observations météorologiques faites en Allemagne, pour arriver à démontrer qu'il pleut plus fréquemment durant la période de croissance de la lune que durant celle de son déclin.

IV.

On est assez sceptique maintenant au sujet des pronostics et des inductions à tirer pour juger de la température à venir ; on a tort, puisqu'ils sont fondés sur des observations vérifiées un très grand nombre de fois, qui, au moins, doivent faire admettre de fortes présomptions en leur faveur. Notre incrédulité ne prend-elle pas son germe dans notre indifférence à étudier les grandes causes physiques ou naturelles connues, qui donnent aux présages une certitude généralement constante ? Si la science faisait encore faire un pas à la règle météorologique du maréchal Bugeaud, la forte présomption pourrait bien se changer en une vérité incontestable.

Après avoir longtemps hésité à croire à l'efficacité de cette règle, je me suis mis à l'observer avec le plus grand soin, la plupart du temps, elle s'est généralement vérifiée. Cependant il ne faut pas s'attendre à ce que la règle s'accomplisse avec une exactitude mathématique ; on ne doit sagement compter que sur un à-peu-près satisfaisant ; mais on doit toujours se féliciter avec raison de connaître cet à-peu-près, en attendant que l'on découvre d'autres indications lunaires plus positives.

V.

Quoiqu'il en soit, j'ai cru faire une remarque, assez digne d'intérêt par la sécurité qu'elle présente :

Quand la température est fixe, pendant les trois journées à observer, 4me 5me et 6me jours de la lune, la règle plus infaillible, cette fois, ne manque pas de s'accomplir avec la plus grande exactitude : Le temps se maintient alors, pendant toute la durée de la lune, semblable à celui de ces trois journées.

On peut se rappeler, pour confirmer la vérité de ce fait, les lunes d'août et d'octobre 1860 et de juin 1861.

Or, si cette prévision continue à se vérifier dans l'avenir, elle constituera un élément précieux, suffisamment favorable à l'observation de la règle du vieux manuscrit espagnol.

VI.

Moins incrédule que nous aux signes célestes et atmosphériques, l'Italie, partageant l'opinion des astronomes Egyptiens, attachait une grande importance à l'observation du 4me jour de la lune. Ecoutons Virgile, son interprète sublime :

Quand la jeune Phébé rassemble sa lumière,
Si son croissant terni s'émousse dans les airs,
La pluie alors menace et la terre et les mers.
Du fard de la pudeur peint-elle son visage?
Des vents prêts à gronder c'est le plus sûr présage.
Le quatrième jour (cet augure est certain),
Si son arc eu brillant, si son front est serein,
Durant le mois entier que ce beau jour amène,
Le ciel sera sans eau, l'aquilon sans haleine,
L'océan sans tempête, et les nochers heureux,
Bientôt sur le rivage acquitteront leurs vœux.

TABLE DES MATIÈRES

LIVRE II.

Observations Botanico-Météorologiques, par le P. Cotte, prêtre de l'Oratoire et curé de Montmorency.

CHAPITRE I.

CHAPITRE II.

ARTICLE I.

ARTICLE II.

CHAPITRE III.

ARTICLE I.

Observations sur les arbres fruitiers.

ARTICLE II.

Observations sur la vigne.

LIVRE III.

Vues générales sur le mouvement habituel des cours, ou essai du Système de la loi des faits du Commerce agricole, par J.-B. Ducrotoy.

LIVRE IV.

La sagesse de l'homme des champs, ou le livre d'or de l'agriculteur.

Amiens, imp. de E. YVERT.